一輩子的家！
這樣
裝修最簡單

朱俞君 著

原點

contents 目錄

越簡單越好住，
裝修焦慮症，退散！

這是一本告訴你，如何將軟性、感性需求，以具體行動落實的居家書。

就在進行這本書的過程中，我又換了一次房子，累積換屋經驗來到第8次，從原先的MUJI簡單路線，來到了輕美式住宅。對我而言，用自己的房子來實驗，是相當有趣，也能獲得最多思考與領悟的來源。也因此，身為一位空間設計師，同時也是「自己的業主」，我總是用這兩種角色去觀察前來委託居家裝修的客戶。

其中，最為明顯的就是焦慮與擔心。會擔心，是因為他們認為，一旦裝修之後，地板鋪好、櫃子裝好、牆做好了……所有生活機能定位好了，就再沒有後悔的餘地(做錯了怎麼辦？花下去的錢追不回呀！)會焦慮，是因為不知究竟要怎麼想？怎麼做？怎麼選？才能讓這一場裝修戰役「立於不敗之地」。

真的可以完全相信設計師嗎？還是有備無患，自己先把功課一次做齊！
往往，來找我的屋主雖然做了功課，卻總是出現以下的景象：

拿一塊喜愛的建材做為裝修的討論起點，希望用於未來的家中。
拿一張局部空間照片，想像自己的家也要這樣。
表明希望家中櫃子越多越好，同時也要風格獨具！

諸如以上只著眼在一個片斷物件、片斷思考的的需求討論，就像是隨意地抓住一塊浮木，那不是真正能救你的東西，最後若真的完工了，恐怕也是一個看似什麼都有，但住起來總覺得少了那關鍵一味的家。

我其實都會建議屋主，不如調過頭來，站得高一點來看看自己，看看這個家，彼此之間最緊密連結是什麼？家是拿來生活的，希望在這個空間裡達成什麼目的、進行什麼樣的活動，才是對的開頭。到那時，適當的建材會自然跳出來，最美好舒適的角落也會在過程中出現。

還有一件更重要的事，是如何替此刻的家，未來的家，預留一個可以更換變動的彈性。生命情境會改變、家人會成長衰老，房子當然也要跟著人生的時間軸線同步調整。

這些年來，經過大量空間設計的的試驗與系統化的實作，發現「簡裝修」是一帖解方，透過系統化的思考與操作，只要做一次基礎打底，利用活動家具家飾、系統櫃等易調整、好變更的特點，及打蛇七寸的關鍵設計，就可使整個家呈現一體感、實用感、就連精緻度都能完美掌握。

這樣的概念，其實就是把家具、櫃體當作可抽換式的設備。

書中，我以多年來的經驗替大家篩選出3種（北歐、輕美式、木質），最好用、最能滿足不同年齡層、不同生命階段生活需求的風格裝修，有趣的是，這三者雖風格各異，彼此卻有著可以互通、共用的元素，日後若想改裝，只需小小動作，就能享有大大的改變。

家是來服務你的，不是讓你去遷就它，因此，讓家成為一起經歷不同生命歷程的伙伴，如何用最少的力氣、最大的效果，打造一個現在好住，以後也好住的空間，在這裡你可以輕易得到做法與答案。

Ch1
讓家簡單好住的
12個關鍵原則

放下風格剪貼簿！
替家找到自己的樣子

第一步，列出家的需求檢視表

許多人在裝修前會非常認真做功課，從雜誌、網路收集的各種空間、風格、機能、造型的照片組合成一本風格剪貼簿，以為交給設計師，就能讓設計師100％理解自己想要的家的樣子……殊不知，就如同將各國食材一股腦地倒進鍋裡，卻期望炒出一盤美味料理，這樣的空間，恐怕只是拼湊出來的房子，而不是自己的「家」。

放下風格剪貼簿、放下干擾，梳理自我需求，替家找到屬於自己的樣子，是第一步！

在向外收集資料之前，我們可以這樣向內探索的：

1　每日動線　從日常作息整理出自己的步調和習慣。
2　家人需求　除了自身的需求，也要照顧到全家人的興趣與習慣，具體而有條理。
3　家中物件　家裡是否有某一種物品數量較多、較大型？需要特別增加空間收納。
4　居住體驗　像是旅行中的美好住宿經驗，從實用設備到自在氛圍都是線索。
5　兒時記憶　更往前追溯到兒時的居住環境，捕捉難以忘懷的空間記憶。
6　痛苦經驗　先前的生活習慣，若曾因硬體不協調而造成痛苦磨合，可提出討論。

此外，建議屋主在設想需求時可以分為兩種層次，一種是當下的需求，一種是未來的需求，很多人都想要一個可以伴隨成長的家，但家是有機的，隨著時間、成員會不停改變，傾向在設計之前就往後規畫5～10年的需求變動，以求符合現在，同時也預留了未來的空間，才能貼合每一階段人生。

把自己的生活型態列出，反向操作讓設計師為我們歸納出答案，結果會更讓人滿意。

家的需求檢視表	居住成員	使用狀況	生活習慣	未來計畫
	人數 _____	1 在家時間？	1 回家做的第一件事？	1 預計住多久？
	成員 _____	2 打掃人力？	2 最常待的空間？	2 考慮生小孩？
	_____	3 烹調方式？	3 喜歡在家做的事？	3 長輩會同住？
	_____	4 特殊需求？	4 是否會在家工作？	4 打算養寵物？

三宅一生！
你的家只需要這3種風格

親子北歐、家庭輕美式、單身 vs. 熟年木質風

我們每個人的人生，一般都會經歷這三種時期：單身新婚、生子育兒、熟年時代。

單身或新婚時，隨心所欲，風格建立在自我的喜好基礎，這時期只要對自我有一定認識，選擇的風格基本上能夠合乎生活型態，但是，一旦有了孩子就不同了。

一般來說，喜歡簡約木質療癒風的人，自律性都很高，能維持居家的素淨以及講究美學協調並非難事，但往往這一群人生了孩子後，會發現簡單的木質風似乎不再那麼適合，原因是兒童東西多，物品幾乎都是色彩繽紛的可愛樣式，不只與低彩度的清麗空間格格不入，也考驗著父母的收拾效率，此時，隨興的北歐風就是最適切的選擇。

時間再往後走，等孩子成長到學齡時期、甚至自身的年紀逐漸熟成，具有家庭凝聚感的輕美式，以及沉穩寧靜的木質風，則正好呼應人生時間軸上的不同身心需求。

因此，木質、北歐、輕美式這三種風格，可說是相當符合台灣人生活模式的住家選擇，此三者都建立在簡單的裝修基礎上，造型不複雜好維護，合乎台灣氣候與在地生活特性。此外，這三種風格之間有不少共通元素，彼此間融合度較高，在空間轉換的同時不必全室打掉重練，只需要將局部軟件、設備家具做替換，即可隨著不同人生週期轉換合適的居家風格。

三種風格 vs. 適合族群	族群	風格	族群特質	收納特性
	單身新婚＆熟年家庭	療癒木質風	自律性高，對居家整潔要求嚴謹	隱收納
	學齡前家庭	北歐樂活風	童心未泯、喜愛新奇玩意 生活追求隨性自在	開放收納
	學齡家庭	簡約輕美式	著重家的溫馨感，在乎家人間的情感交流	家具收納

單身新婚＆熟療癒木質風

溫潤的木材質、簡約的清爽感，能夠療癒人的內心，不複雜的設計能夠觸碰想要安靜的內心。適合自律性高的人，物品收納有自己一套原則，喜歡整潔乾淨的居住環境，崇尚無印良品「無設計的設計」理念，這樣的人，很適合講求畫面乾淨的木質風。

學齡前家庭╳北歐樂活風

主張樂活隨性的精神，充斥新奇有趣的設計，北歐設計色彩繽紛，家具家飾多是圓弧形、導圓角的設計相對安全，適合有幼兒的家庭，豐富他們的想像力，風格中隨意擺放的特性也剛好適應小朋友亂丟的功力。

學齡家庭╳簡約輕美式

美式風格的溫馨感，象徵對家的渴望，重視情感交流與家人間的互動，適合情感綿密的一家人，喜歡一起窩在客廳、膩在廚房做料理，甚至在不同空間各做各的事情。

3種風格，收納法大不同！

隱收納、開放收納、美型收納，對號入座省煩惱

要維持家的風格跟美感，好好收納是第一步驟，想想要是物品總是無法物歸原位、家裡常常亂成一團，再棒的風格也會被破壞。

收納的黃金法則就是捨棄、分類跟歸位。捨棄是為了精簡生活，分類是為了好歸位，才會習慣去收。所以在「怎麼歸位」的階段，我通常會幫助客戶了解自己的收納性格，才有利於選擇到適合自己的風格。

除了依據人生階段選擇風格，「自己的收納習慣」也是選擇的參考值。如果一個沒有物歸原位習慣的人，要他住在講求乾淨的木質風可能會很痛苦；相對地，他若是生活在隨性的北歐空間，也許就自在多了。

三種風格分別對應不同的收納方式，追求素淨美感的木質風適合「隱收納」，所謂「隱」即「藏」，利用有門片的收納方式，把雜物藏起來，讓空間視線乾乾淨淨，表現木質風的潔淨；不必太講究擺放規矩的「開放式收納」，跟追求歡樂的北歐風一拍即合，北歐風的擺件道具新奇有趣，適合透過陳列的方式展現，但不是像藝廊般的精緻陳列，而是融入生活意志的隨意擺放，從中呈現個人品味以及家的氛圍；至於輕美式風格，則是利用美型容器跟家具來完成收納，收納家具如餐櫃、五斗櫃、矮櫃達到置物的機能，或是使用籐籃、鐵籃等風格容器裝載物品，同時兼顧風格美感。

三大風格收納比一比

風格	收納特性	收納方式	收納道具
療癒木質風	隱收納	隱藏法則，物品不外露	有門片的櫃子
北歐樂活風	開放式收納	強調開放跟外露，陳列式的收納展現品味跟喜好	掛桿、層板架、開放櫃
簡約輕美式	美型式收納	利用好看的容器或家具，兼顧收納跟風格	活動家具、籐籃、托盤、收納盒

開放收納

開放式的層板、書架,是表現主人品味跟嗜好的最佳收納方式,層板與家具的線條以簡單為主,靠的是展示物件本身的色彩與線條,展現歡樂感。

隱收納

木質風適用無雜物的收納風格,具有門片的隱收納,不只是要做出有門片的櫃子,也要降低櫃體的存在感,才能達到乾淨舒適的空間視覺。

美型收納

輕美式因為簡化裝飾物件,特別建議使用風格家具如餐櫃呈現美式質感,將生活印記變成擺飾,表現風格也照顧好收納。

格局做得好，日日是好日！

善用平面配置圖，演練一日生活

平面配置是家的生活腳本，設定必須事先思考生活的中心，理性務實地去思量每一個生活場景，跳脫客廳、餐廳、廚房、書房、臥室每個家都有的常態配置，找出專屬自己或全家的生活中心點，以此發展出的格局才能量身訂製。簡單說，思考來源就是「你要＆需要什麼樣的生活」，必須先理解自我需求，透過檢視自己的生活，從生活細節歸納出自己的步調和習慣。

檢視三步驟：

Step 1　個人生活信仰與習慣

對什麼東西有著無法妥協的執著？喜歡在家做什麼事情？待在家的時間有多長？最常使用的空間？煮食的習慣？

Step 2　日常動線與作息流程

整理作息的動線跟流程，像是一日行程的模擬，小至起床動線、回家動線、料理動線，找出日常生活和空間的互動方式。

Step 3　人生的未來規畫

如果房子是買的，希望能住多久？打算長期持有還是有出售計畫；考慮有小孩嗎？希望有幾個小孩？同時考量市場性，這個家的格局普遍適用嗎？以及未來的預備，因應調整的彈性。

……試著從這些問題找到自己對家的使用情況；並且進一步，從生活細節歸納，將基本需求清楚地整理出來後，和設計師溝通會更事半功倍，住宅的格局機能也能更貼近。預作考量是未雨綢繆，可以替未來省下許多麻煩，讓家符合現在生活，也串聯未來人生。當生活型態具體了，家的雛形也孵化了，而設計師的任務就是沿著這些生活線索，畫出家的樣貌。

和女兒當鄰居，媽媽一個人的家

女兒和媽媽分別住在8樓與10樓。8樓是專為媽媽量身訂製的獨居宅格局。有宗教信仰的媽媽，將靜坐禮佛空間設置在靠陽台採光最好的地方。此外，媽媽家也是和女兒一起料理用餐的主要空間，規畫了完整的廚房跟大餐桌，平常也供媽媽抄經用。房間只保留一套大主臥，包含大更衣室與私人衛浴，完全客製化的生活格局。

母女料理共餐區

禮佛靜坐區

大主臥＋更衣室

換風格！
只需「簡」裝修，不必重裝修

快速變裝不二心法，設計只做天、地、壁！

歸納多年的設計經驗，無論是木質、北歐，還是輕美式這三種風格，其實都可以採用以下的天地壁設計：

天 白色天花板
地 超耐磨木地板
壁 大地色系的牆面

經多次驗證，用這三種元素打造出來的風格穩定度最高也最為耐看，包容性非常高。這三種風格都建立在相同的基礎背景，只要撤換家具與配件，改變牆面的漆色，就能快速抽換風格，裝修變得時間很短，花費也不多，徹底打破以往轉換風格的複雜度。

設計是用來修飾房子的缺陷而不是追求造型的表現。許多人認為造型多設計繁複才是裝修，但設計不是越多越好。只要在天、地、壁做簡單設計：捨棄造型天花板，只針對管線設備簡單包覆；換上超耐磨木地板，保有家的基本溫度；牆面省略裝飾性建材，只用色漆、壁紙回歸最單純的背景。

過去許多固定裝修常常給生活帶來很多限制，像是餐桌被天花板造型制約，無法任意將圓桌換成方桌；釘好的床頭櫃讓床位動彈不得，床頭不能轉向也無法把床靠牆……不如省略這些裝飾性建材，也可以讓家保有更多彈性。

捨棄造型天花板，只針對管線設備簡單包覆，乾淨的天花板耐看度最高，也不會侷限每個場域的設定。

超耐磨木地板是我最常使用的地板建材，好清理耐刮磨，生活起來不必小心翼翼，而且木頭面料保有家的基本溫度。牆面不一定要做造型，省略造型主牆的枷鎖，簡化裝飾性建材讓牆面統一，未來還可直接換色改變家的氛圍。

明廳暗房，圍繞同一色系

主軸低彩度＋一主色系，最適合住家空間

房子要耐住，色彩絕對不要太強烈。人要能長時間停留，最重要在舒適感，低彩度的空間能夠使人安定，跟繽紛用色相比，是個相對安心的色彩計畫，不會有太多鮮豔明亮的顏色挑動思緒，也不會有太強烈的顏色干擾視覺休息，不同的顏色會引起不同的情緒反應，紅色讓人激昂熱情、藍色使人沈靜思考、綠色帶來放鬆心境……但太過絮亂的空間只會讓人想逃離。

「低彩度」不是「不用色」，完全亮白的空間也會顯得太過呆板，而是要降低色彩的亮度、明度與飽和度，適度加入白色、灰色去調和，並且堅守「一個家一個色系」的原則，每個空間的建材用色到家具物件的配色，都要圍繞著主色系，用相近色與深淺色彼此協調，讓整體空間呈現一致的色調。

主色系以最能讓你感到舒服的色系為主，不一定要單一顏色，但顏色必須單純，彼此差異不要太大，避免製造衝突色塊；色彩也不要太多，容易凌亂。

當房子的採光不足或者小坪數空間，使用明亮柔和的顏色可以帶給空間清亮感受，有效放大空間，但不建議使用白色，會太過單調，而是使用霧鄉、淺蘋果綠或者淺灰色，家的基底帶有淺淺的色彩，製造有溫度的幸福感。

風格與配色	風格	色彩搭配	效果
	北歐風	藍色當主色調，加入不同深淺的藍色、點綴黃色、橘色	繽紛歡樂
	輕美式	奶茶色、木頭色、杏色，搭配低彩度的灰色、藍色	典雅中性
	木質風	大地色系的木頭色跟霧鄉、米白色	舒適耐看

換色搭配，選擇相近色彩

選一個能讓你舒心的主色系，以此為配色主軸，深淺色的配置是最安全的作法，例如杏棕色的空間擺入一張灰藍色的沙發，這種淺藍且帶有中性的灰色，一樣有著大地色的基因，彼此相容共存。

明廳暗房，臥室延續公共空間的顏色

整間屋子使用同一個顏色，具有一致性的空間才不會顯得凌亂，尤其房間不跳色也不換色，而是延續公共空間的色彩，遇上採光明亮的房間會在同色系中降低明度，使用暗色作主牆。

RULE 07
家具裝修時代來臨，
空間百搭是關鍵

櫃體邊几實用性高，桌椅風格聚焦

家具是家中為數眾多的量體，分佈最廣也最具實用價值，用與不用時，我們的視線都為其停留，是打造風格的要角。住一輩子的家重點是「彈性」，減少固定裝修、減去動不了的量體，風格表現更要秉持彈性原則，家具的存在，正好可以滿足以上需求。

家的風格用家具家飾來表現，可適應人生不同時期的不同需求，隨著每一個階段的喜好去調整，如果固定的量體太多（例如木作收納櫃、電視牆、造型天花板等），會影響之後變動的靈活性。

活動性高的家具如餐櫃、矮櫃、邊几適用性強，在客廳、餐廳、臥室都有可能用到，移到不同場所皆能更換新的使用方式，選擇不同造型可輕易表現風格，量體不大又好淘汰更換。沙發、餐桌等大型家具最能聚焦風格，卻也不宜太過凸顯，一張百搭款、低彩度的布沙發跟原木餐桌反而能跟不同風格和諧共處。

建議不過度裝修，把省下來的工料錢用在家具設備上，不但能越住越舒服，將來搬家換屋那些生活品質的投資通通帶得走，一點都不浪費。不妨把錢用來提升生活品質，要住得舒服不是裝潢得多精細、而是好用的設備跟家具。

家具設備	優點
沙發	不易變形好整理又耐久
實木家具	比起貼皮家具更有質感、使用年限也較長
冷氣	沒有噪音、安靜涼爽
淨水設備	讓家人用水煮食更安心
全熱交換器	可隔絕噪音、不用開窗就有新鮮空氣
加熱毛巾架	可以在冬天包裹熱熱毛巾,是很舒服的生活享受

造型簡單的布沙發,適用美式、木質、北歐三種風格,未來要再更新調整一樣好用。

生活道具，
就是最好的家飾

必敗物件：燈具、餐具、織品、小家電

有些人的裝飾習慣是旅行出遊時買買紀念品回家擺放，或是花大錢蒐購珍藏品、規畫一區玻璃櫃專門展示，卻會忽略了那些來自不同國家文化的紀念品，彼此間並不和諧，太多不一致的擺飾品放在一起反而讓家雜亂了起來，而奇珍異品如雕塑、石頭等跟家的風格格格不入。這種「裝飾品是裝飾品、生活用品是生活用品」的觀念，會讓家裡的東西越來越多，只能看不能用的、實用又不好看的、用不著丟了又可惜的……全都都成了簡單生活的阻礙。

將生活用品當做家飾品，是個很棒的方法。日用品像是餐具杯盤、水果盤、面紙盒，織品如寢具、抱枕、蓋毯等，每個家都不能少的燈具如吊燈、桌燈、立燈，也是成形風格的飾品，這些平凡無奇的日用品若能花一些錢升級為風格品，花點心思搭配各個品項，便能將生活裡的器皿成為裝飾元件，既為風格擺件又能使用，替家中省下多餘物品同時製造風格，生活中的美感也能隨處即見。唯一一項非使用性的裝飾物品就是畫作，畫作可以提升空間的文化氣質，讓牆面裝飾變得單純且聚焦。

挑選生活道具除了講究美感也需考慮整體性，選物原則以無造型無色彩為主，高質感為優先，產品個性不要太強烈，就能減少視覺衝突，才能適用在不同風格。例如灰藍色、純白色系的小型家電、杯盤餐具可選則白色瓷器或是木製品如托盤、木盒、木碗等。

—————————— **日用品升級家飾品Tips！** ——————————

1 衛生紙 各種顏色的抽取式衛生紙放在面紙盒裡，可減少塑膠包裝的突兀。

2 清潔劑 包裝不好看的洗碗精，買回後倒在另外購買的按壓罐中。

3 瓶裝水 買回來的礦泉水，拆除紙箱後一瓶瓶裝在木箱。

1 餐具與托盤是餐桌上最好也最實際的裝飾。
2 具設計感或復古感的小家電，可提升空間質地。
3 選擇顏值高的生活容器，將物件好好收納。

暖白燈光
住起來最舒服！

低彩度＋暖白光 vs. 白色系＋黃光

燈泡的色溫可簡單分成三種：畫白光、暖白、黃光。

一般家中講求明亮使用畫白光居多，而黃光氣氛好，著重環境氛圍的咖啡館多使用黃光，住家空間也跟進了，只是黃光的使用需注意色溫、瓦數等數值，並且伴隨空間的用色，拿捏不好有時會顯得昏暗。當家中色彩以白色為基調，搭配黃光能讓家更有溫度，若是牆面有使用色彩，黃光可能會讓空間過於昏沈。

但不同色溫的光也不建議分區使用，例如客、餐廳使用黃光營造氣氛，浴室、廚房、臥室用畫白光：光的顏色跟牆面色彩一樣，不同的光色會導致空間凌亂。建議統一空間的色調顏色，保持家的整體性。

暖白光最適合居住空間，不像畫白光冰冷，也具有黃光的溫度。人居住的空間還是需要一定的光度，能夠有精神做事，不至於像咖啡廳般慵懶。前提是空間要有點色彩，如低彩度的空間底色；因為暖白光對白色系空間而言仍然太白，白牆為主的空間適合黃光，色調均衡較為溫馨。

色光	黃光	暖白	畫白
白色系住家空間	V		
低彩度住家空間		V	
辦公室		V	
大賣場			V

燈光色溫這樣用

牆面有色彩的空間，介於黃光與晝光之間的暖白光能讓空間更有精神。

RULE 10

櫃子輕量化！
別讓家又重又擠

1/3、2/3 法則 vs.20～40cm 櫃體懸吊

居家收納少不了櫃體，但大型的櫃子常常會壓縮空間，讓屋子變小變擠，一個櫃子如何分割、劃分外露和隱藏的比例，是櫃設計的學問之一。

首先，把握1/3開放、2/3隱藏的實用比例，同一組櫃體2/3使用門片隱藏櫃內物件，1/3則開放展示具有特色的用品，雖然量體不變，卻有著視線的深淺變化，此外，開放櫃可以利用收納單品如籐籃、布筐來增加收納的多元性。

除了避免整座封閉的櫃設計，將櫃體抬高約20公分也是加分手法，讓櫃體跟地面脫開、在下方裝設間接燈光，這個離地的動作加上燈光效果，可以讓整座櫃子變輕盈。

離地20公分是掃地機器人可以進去的高度，一來清掃容易，下方的空間也有更多利用，例如置放室內拖鞋。至於美式、北歐風格的櫃子可以拉高至35～40公分，在下方放置木箱強化風格感，木箱可用來收納靴子、溜冰鞋、玩沙工具等外出用具。

「櫃體不落地」以及「開放──隱藏交替」的櫃設計，掌握好比例使櫃體具有層次、變得輕盈，提高櫃體間的連動性，整個空間也更加立體。

電視櫃採1/3開放，2/3隱藏櫃門，加上懸吊設計，收物與打掃都十分便利。

玄關櫃、衣帽櫃將櫃體抬高，可讓量體變輕盈，做為玄關櫃，下方可放置拖鞋。

少施工省成本！
微整型裝修很好用

板材挑高 vs. 滑推門覆蓋，門片不用拆！

輕裝修的原則是能不破壞就不破壞，盡力保留原來的結構，在既有結構外做微調修飾或是加設現成的規格品取代重新訂製。

一般門片的標準高度是215公分，然而現在新蓋的房子會保留一定的屋高，通常樑下可達260公分，天花板跟門框的高度落差太多，制式門片相對顯得矮小，面對這樣的情況，費工的做法是將預留的門框拆除，重新訂作門片。

其實有簡單的做法，不需要破壞原本牆面，只需在門框上方加一塊板材，噴上跟門一樣的色漆，用視覺的延伸方式達到門片拉高效果。也可以保留原門片，在外層加設滑推門，尺寸使用跟天花板一樣的高度，同樣可以在不敲打又能統整視覺高度的效果上，整合牆面、櫃體跟門片，以減少開口跟門片對空間造成分割。

另外多利用既成品及設備也有助於減低過度裝修。例如在高處的層板、高櫃使用梯架；窗簾用藝術桿取代窗簾盒；鞋櫃使用旋轉收納架……，都可以減少全新打造的工料成本。

做法1　門片挑高法
在門框上方加裝板材，噴上與門片門框一樣的色漆，自然會產生一體成型的視覺效果。

做法2　門牆一體法
滑推門是很好的暗門設計，可製造完整的電視牆同時隱藏入口，避免牆面被浴室門片分化而破碎。

做法3　一門二用法
用一扇滑推門整合廚房開口跟旁邊的收納櫃，讓立面的視覺更完整。

小孩房設計，
不必一次到位

預留書桌空間，床櫃合一先設計

小孩成長快速，每一時期的臥室都有階段性的任務，幼兒階段以玩具遊戲為主、到了學齡期要有書桌寫作業、再大一點需要空間學習才藝……配合孩子的成長，小孩房的設計不能一次到位，而是要保留未來調整的彈性，才能夠適用任何年齡。

基本上小孩房的坪數不大，約莫2坪的空間要擠下床、衣櫃、收納櫃跟書桌，第一時間將這些機能做齊反而使空間過於擁擠，若只是根據現況添購設備，恐怕日後又要再花心力做局部裝修。

先做一塊桌板替未來的書桌定位，在孩子需要使用桌面之前，桌板下方可放置矮櫃做收納，依照不同階段填充不同型態的收納櫃，幼兒時期以玩具箱為主，上了小學可改放小型抽屜櫃，收納文具物件。不論之後要購入現成書桌還是直接使用桌板，預留出書桌尺度就能將更動最小化。

另外在一開始就做好標準尺寸的單人床，床架下方結合收納抽屜，若房間的寬度足夠，可在床尾底端設計衣櫃，節省獨立衣櫃的空間。

<table>
<tr><td rowspan="4">小孩房規畫表</td><th>階段</th><th>收納需求</th><th>空間彈性利用</th></tr>
<tr><td>幼兒期</td><td>玩具、遊戲物品</td><td>先做一塊桌板替未來的書桌定位，下方放置玩具箱</td></tr>
<tr><td>學齡期</td><td>書桌寫作業</td><td>書桌寫作業桌板下放小型抽屜櫃，收納文具物件</td></tr>
<tr><td>青年期</td><td>學習才藝、個人興趣</td><td>配合需求，換放置不同型態收納櫃</td></tr>
</table>

桌板＋床頭櫃

桌板跟矮櫃深度皆不超過60公分，預留的功能與尺寸皆具有高度彈性。

衣櫃＋床頭櫃

床尾端的衣櫃跟床架同高，下方空間可做抽屜或是鏤空放置收納箱。

Ch2
宅即變！
7～10天翻新你的人生、你的家

大叔人生回春術，
墮落宅變起家宅

第一次進到大叔家，直覺聯想到通緝犯窩藏的住處，走完一圈發現屋子的空間條件很好，方正格局採光佳，亂象的根本不是因為空間「不好用」，而是「不會用」，也從亂象中找到大叔的生活亂源：書、衣物跟貓。

家中的空地被一箱箱紙箱佔據，紙箱是這個家的臨時戰友，反立著就可充當茶几、也是堆放物品的容積體，洗衣機的大紙箱當作髒衣櫃，待洗的丟箱中，還可再穿的掛紙箱邊緣……；平時沒開伙，餐廳變成置物區，公共空間公然變成儲藏室。加上習慣一回家就更換衣物，卻因房間衣櫃不夠而轉移到餐廳，但餐廳與洗衣的後陽台距離遙遠，造成衣物積久未理的盛況。

原來這些亂源的根本，是來自空間功能不符合他的生活習慣，以及家中的收納櫃體嚴重不足所致。

直到有一天，家裡天花板的嵌燈壞了，怎麼修都亮不起來，大叔的身體也越來越不好，這點燃他改變的決心——或許是時候該重新整頓自己的窩，也順便整理生活習慣，同時吸引未來的女主人，於是，大叔要求設計師希望要利用他出差不在家的那10天改造完工……

住宅__ 電梯大樓
坪數__ 25坪
家族成員__ 1人1貓
空間配置__ 一廳一廚主臥、客房、更衣室、後陽台
使用建材__ 超耐磨地板、系統家具、廚具、浴室霧面磚

煩

1 **衣櫃沒功用**　全靠一個大紙箱，待洗丟裡面、還可再穿掛在箱子外緣。
2 **沒足夠書櫃**　成堆的書不是一疊疊堆起，就是裝在箱子裡。
3 **無法正眼看電視**　電視放沙發左側，正前方卻拿來堆物。

解

1 **廚房變更衣室**　利用開放式層櫃與吊桿，完成2坪衣服獨立收納區。
2 **書櫃重整**　分別在客廳跟臥室放置一座，養成物品歸位的習慣。
3 **重整電視位置**　將電視與書櫃整合在同一牆面，加入矮櫃兼具收納跟座位。

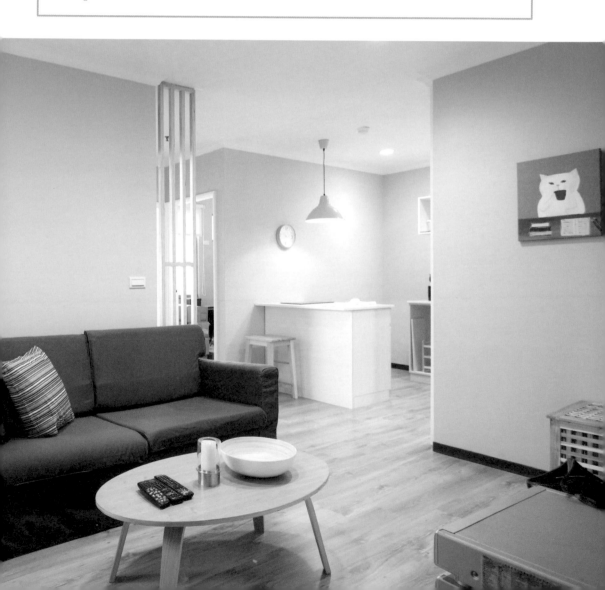

只有10天改頭換面，衝了！

我們只有10天的裝修日！趁著屋主出差期間要完成所有的裝修工作，
家具家電幾乎全都換新，只帶走生活用品跟衣物，在完整空屋的情況
下，地壁重新處理，調整格局跟動線以及新增衣櫃、書櫃等收納機
能，省略裝飾性，只做機能型設計。

Before 家空間

1 **玄關** 因沒有良好的收納規畫，紙箱和物件都堆放在入口處。大單椅也擋在入口過道處。
2 **客廳** 破損的大沙發，茶几用紙箱倒扣替代，遠處可見雜物成堆。
3 **雜物區** 年久未用的餐廳，現在已經成為置物區。
4 **主臥** 陽光充足空間大，工作桌跟書堆成為一進門的亂源。

 前置作業
實地走訪現場勘景，從玄關開始，觀察空間的使用軌跡。

STEP 1　診斷與洽談
了解大叔過去使用空間的習慣後，主要的亂源來自
1 櫃體不好用，無處可放髒衣物、書。
2 原有空間規畫不符合生活習性。
3 忙碌無暇花太多時間整理。

STEP 2　丈量＋訂製系統櫃&挑家具
在動工前量，最少要七個工作天才能做好，這次裝修時間含假日只有 10 天，因此在開工前先訂製，家具也是先挑選好。

STEP 3　清空房子
請屋主把有用、要用的東西打包裝箱後寄庫，接著清運廢棄物包括家具家用品，共丟掉兩車。

STEP 4　調整廚房浴室水電
花了三天重整浴室廚房的水電，包括更換管線、因應廚房外移需要增設管線以及拆除浴缸、浴室重新貼磚及防水。

STEP 5　木工進場
用一天修補天花板上的嵌燈洞孔＋做浴室門片。

STEP 6　油漆進場
重新粉刷天花板及牆壁的顏色。

STEP 7　鋪木地板＋裝燈
第七天系統櫃進來組裝，一天完成。當天同時裝燈。

ENDING　清潔＋家具進場
清理現場環境，而家具在動工前已挑好。

救空間，廚房外移更衣室進駐

每個人都有無法改變的習性，當習慣跟空間使用衝突，生活亂象便難以避免，因此，首先透過格局調整來化解亂源的癥結點。

大叔的廚房只拿來燒開水跟偶爾煮火鍋用，因此將原有一字型廚房外移至餐廳空間，開放式廚房加上用餐吧台，提供基本餐廚機能。

原來的廚房，同時可通往後陽台，我們決定將此地規畫成為更衣室，其中有兩點考量：一是離洗衣後陽台最近，提高洗衣、收衣的整理效率，二是因應大叔的隨興，即使不會收拾衣物、關上門就能維持大部分空間的整齊，貓咪也不會進去攪亂。至於浴室，確認了大叔並沒有沒有泡澡習慣，趁著拆除浴缸也一併更新浴室的壁磚以及重做防水，放大空間也創造出符合身高跟寬度的淋浴區。

客廳撤掉一張單人沙發，修正之前電視跟沙發90度角的奇怪位置，讓大叔終於可以正常看電視，加上開放式書櫃展現大叔的珍藏書冊，客廳，開始有了主人的樣子。

After 家空間

1 客廳的大書櫃解決書籍成山的問題，而家具採購考量有毛小孩肆虐，選擇平價品牌，價格親切又有造型。
2 開放式廚房帶給一個單身男子的家，有更多可能。
3 浴室鄰近廚房，門片使用鏡子降低門片的突兀，類似暗門的功能。
4 沒有使用浴缸的習慣，拆除浴缸後換成乾濕分離，反而更貼近大叔的生活習慣，對一個大男人而言，維護起來也更加輕鬆。

🏠 因為懶，更要簡化收納設計

其次，空間機能配置要符合生活習慣。

考量大叔不摺衣服的習慣，門片式衣櫃只會增加他懶得收拾的可能性，因此更衣室只用吊桿、活動式抽屜櫃跟掛鉤；左側規畫吊桿跟活動抽屜櫃及箱盒，吊掛乾淨的衣服跟收納小件衣物及私人物品，右側牆面的掛鉤則是掛待洗的髒衣服，累積到一定的量再一次抱到後陽台，丟進洗衣機也只需五步的距離。

偷偷說，簡化複雜度可以增加男性做家事的動力。

另外，用系統櫃規畫了兩座開放式書櫃，一座在客廳，利用最大的面寬整合電視櫃跟書櫃，讓空間比例更為完整，同時具有展示功能也方便在客廳閱讀取用；另一座安排在臥室凸窗旁，連同窗前的單椅，打造依著陽光跟窗景的閱讀區。

🏠 家的環境變好，大叔也愛上生活

住進改造後的新家，大叔開始享受在家的生活。在客廳休息、閱讀的時間變多了，買回來的書在客廳拆箱後也直接放進書櫃了，甚至多了一個倚光的閱讀區。本來的廚房不在生活軸線上，下廚從來就不會是生活的選項之一，但現在廚房成為主要的生活動線之一，也開始有了料理的念頭，最初只配一張吧台椅，竟也主動要求要多加一張……甚至從未讓朋友造訪的他，也辦了場小 Party，邀請同事朋友參觀跟小聚。

大叔的家終於開始有人走動了，他也因為家環境的改變，開始調整自己的生活步調，對「待在家」有不一樣的期盼。這個案子的設計主軸在於如何讓空間配合他的生活，好用好住的家，維護工作會更輕鬆自在，有了維護的基礎意願，家才會持續舒適，進而讓人慢慢調整自己的生活。

5 原本書桌放在凸窗位置，將亂源之一的書桌移到大門旁，避開一進房門就看到亂源，也把最舒適的位置留給閱讀。
6 主臥替愛書的大叔設計一處閱讀角落，解決書冊收納同時創造品味生活的空間。

大復活！
被主人囤積壞了的好宅

方正格局外加擁有千萬河景的房子，卻被住壞了！病症是東西只進不出＋寵物當家佔據客廳，加上貼著木皮材質跟傳統把手的櫃子，空間被一座座櫃子給吃掉了。

這是我和女屋主第二次接洽。當年買下時屋況不錯，只有請我們出平面圖，其他包括收納櫃、小孩房的書櫃床架都是自己請系統家具廠商訂製，當時使用大量的耐髒黃棕色木皮、蘋果綠的牆面又配上黑色家具，整體空間用色太深太重，甚至有點突兀，耐看度當然有限，時至今日，這些裝修開始出現過時感。

不過觸發這次改造的主因不是舊裝修，而是生活空間已經被毛小孩跟失控雜物擠壓得無法喘息。女主人是衝動型購物的人，以至於家裡東西越來越多，物品新增的密集度太高，大過於女主人收拾整理的速度，加上平時工作忙碌，堆積如山的物品已到了不知從何開始收拾起的地步。無力感，成了收納整頓的最大阻力。

這十年間，不只物品不斷誕生，成員也新增了一位，從一家三口變成兩大一小＋毛小孩的組合，只是因爲一開始沒有預先規畫，生活空間也就處處順著毛小孩，導致狗籠、門擋佔地爲王、人狗爭道的混亂狀態。

住宅＿電梯大樓
坪數＿25坪
家族成員＿3人1狗
空間配置＿玄關、客廳、餐廳、廚房、書房、主臥、小孩房、衛浴、後陽台
使用建材＿超耐磨木地板、系統櫃門片、人造石檯面

空間
診斷

 煩

1 **家具不成套** 採購時單件思考，缺乏整體搭配性。
2 **東西只進不出** 一直買＋收納方式沒有做好分類管理。
3 **狗狗居無定所** 狗籠隨意放客廳，佔據人活動的空間。
4 **後陽台淪陷** 原來的洗衣間後陽台變雜物區。

 解

1 **家具系列化** 汰換家具，更換空間色彩，包括門片、牆面、跟家具。
2 **捨棄歸位** 趁此次整修，清除長久不用的雜物，把東西歸位。
3 **讓出洗衣機位置** 將浴室的洗衣機位置變成狗狗的家。
4 **淨空陽台** 清理雜物之後，清楚規畫成洗衣區。

只有7天換裝重出，拼了！

為不打擾屋主生活，只用了7天來整修，格局沒有太多變動，僅局部微調、新增櫃子跟收納架、更換門片以及牆面顏色，協同屋主最重要的功課——「捨」，一同整頓配色失衡、雜物過多的住家。

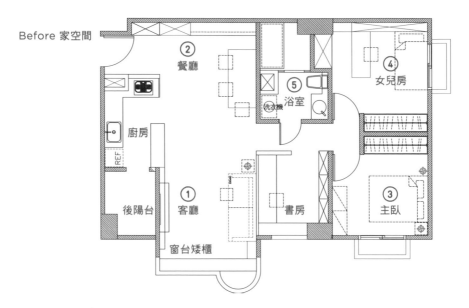

Before 家空間

1 **客廳** 窗邊矮櫃上堆滿物品，狗籠圍欄也都擺在客廳。
2 **餐廳** 半高餐櫃不敷使用，物品佔據檯面也堆到餐桌後方。
3 **臥室** 褐橘色珠光壁紙跟桃紅色床頭板的搭配突兀且老氣。
4 **女兒房** 書櫃床架已不敷使用，門片櫃也不符合使用習慣。
5 **浴室** 洗衣機佔據浴室，使走道變得擁擠。

START 前置作業
實際場勘並瞭解屋主一家人的生活習慣跟個性。

STEP 1 診斷與洽談
亂源：清理的速度趕不上購買的速度。
此階段主要溝通購物習慣以及收納方式，並討論各區域櫃子的收納用途。

STEP 2 丈量＋訂製系統櫃＆挑家具
請系統櫃廠商先丈量要換的門片尺寸。

STEP 3 清空房子
兩週清空房子，將家具送人、用不到的雜物丟掉，施工換門片多少會產生塵屑，所以櫃體內的物品仍打包暫時寄放倉庫。

STEP 4 水電＋木工進場
第一天：拆除舊有燈具並增加插座跟改燈具出線（更換主臥的吸頂燈、餐廳吊燈，同時新增走道吸頂燈）；木工清除原有木地板，並新增浴室拉門。

STEP 5 油漆進場
第二＆三天：重新粉刷天花板及牆壁的顏色；替電視牆的噴漆改色。

STEP 6 鋪木地板
第四天：重新鋪上木地板。

STEP 7 系統櫃安裝門片＋裝燈
第五天：替原有櫃體換上新門片，燈具進場裝燈。

ENDING 清潔＋家具進場
第六天：清理現場環境，第七天：家具進場。

🏠 乾淨舒服的家＝好的風水

簡單不只能夠耐看，乾淨清爽的空間更能住得舒服，生活不該埋沒在一大堆雜物裡頭，物品太多太亂的空間會造成擁擠，視覺的雜亂也會干擾心緒，靜不下心也就難好好休息，如此惡性循環，人跟空間的氣場也就越來越糟，還會把好運財氣都擋在門外。

這間屋子最大的功課除了是收納課題外，還有另一項待解決的難題：系統櫃面料跟牆面色彩以及其他家具之間缺乏整體感。房子的體質狀況是好的，格局方正、採光通風良好，格局配置在第一次裝修時已調整到位，於是我們用輕裝修的方式進行改造，著重整體性的搭配，修整空間的色彩與替換面板材質，達到空間的協調美感。

雖然拆掉整排矮櫃，收納空間並沒變少，臨窗吧台跟書桌下方都新增層板櫃、電視牆加設抽屜櫃、餐廳原本的矮櫃也換成上下櫃，重要的是，收納櫃的門片全面汰換傳統木皮樣式，裝上無把手門片，面板選擇素面石頭灰跟牆面霧鄉色搭配，保留廚房跟客廳之間的隔間矮櫃，但是把黑鏡換成茶鏡，減低重色的壓迫。

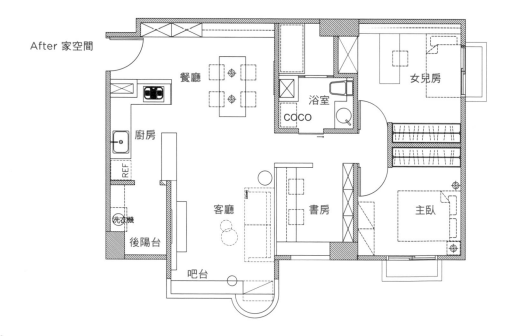

After 家空間

1 擺脫黑色家具，灰藍色沙發讓空間變得年輕，因為採光好，使用深木色餐桌來增加穩定感。

2 書桌下方增加一排收納層板，也能當做書櫃使用。

3 換上無把手門片的書櫃削減櫃子的樣貌，反倒像牆壁不像櫃子了，石頭灰的面板也更加耐看。

🏠 調和色系，凸顯房子的河景優勢

有了上一次裝修只撐十年的經驗，這次落實簡約原則，並徹底做一次生活風格的溝通——房子是用來住，不是拿來裝東西的。原本窗前的矮櫃雖然有收納功能，但因為當初想做兩層收納抽屜導致高度過高，無法當作休憩平台，慢慢變成置物平台，白白可惜了千萬河景！所以將矮櫃換成臨窗吧台，才能常常享用這間屋子的超優美景。

為了日後好保養，地板更換超耐磨木地板，好抵禦寵物的魔爪，並且把浴室裡的洗衣機搬回後陽台，空出來的位置設置成狗狗的家，在狗籠上方增加吊櫃收納備品跟寵物用品。至於臥室，延續公共空間的霧鄉色，把衣櫃門片換成潔白面板，讓房間變得清爽許多。女兒房重新訂做系統櫃床組跟書櫃，床座安排抽屜、上櫃也做高至天花板，省略造型讓櫃子更有系統地落實置物機能，此外也替房間窗台新增人造石檯面，讓窗邊置物平台更完整。

🏠 住進簡約風，養成控制物慾跟美學搭配

從雜亂屋蛻變清爽的簡約新居，這一家人最大的收穫是養成物歸原位的好習慣，家中不再有被雜物佔據的平台，自然也就不會恣意堆疊；清楚自己家的風格，學會在購物前思考搭配的可能，知道如何控制物慾，東西也就不再只進不出了。另外也因為有了臨窗吧台，這一家人更懂得享受生活，下班後夫妻倆會襯著夜景小酌，假日也是女兒用電腦的好地方，生活多了情趣，家人在客廳活動的時間變多、感情也變好了。

4 女兒房的上下吊櫃結合門片跟開放式，搭配床底的抽屜，提供充足的收納空間，單純的色彩跟矩形也更適合正值青春期的女孩。
5 一改先前高彩度的用色，霧鄉色的面漆搭配芥末綠的靠墊床架，讓簡單乾淨營造質感，也最耐看。
6 撤掉洗衣機後的浴室不只變寬敞，狗狗也有了棲身之地，在上方新增吊櫃，方便收放寵物用品。

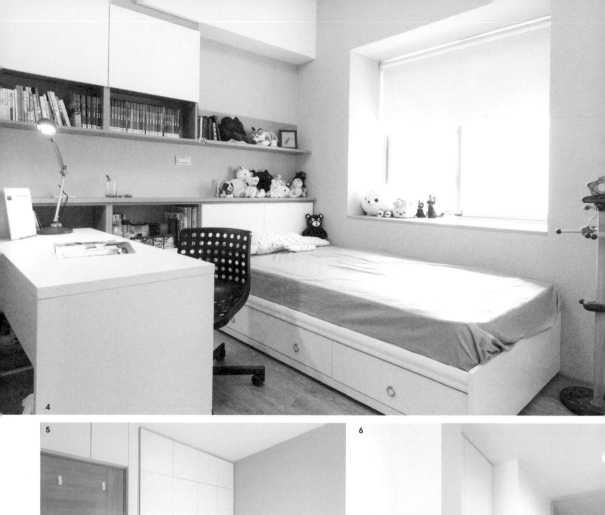

4

5

5

6

Ch3
跟著做！
全齡住家不失敗裝修術

收納這樣做

裸收納，隨性開放強調美感搭配

不失敗的北歐風格收納公式：開放 ×（設計物件＋系列化＋協調色系）。

簡單來說，「開放式收納」是北歐風的收納精神，層板架、開放式格櫃或是平台，都是北歐風格家居裡常用的收納型態。這是因為，北歐居家用品在設計、造型、色彩上充滿童趣與繽紛感，相當適合展示。

有趣的是，喜歡北歐風的人通常也很隨性、不拘小節，取放物品不講求規矩，認為隨意放置就是一種生活擺飾，這也是收納時適合開放性的原因。只是，面對一整個開放立面，如何擺放才不會凌亂失控呢？

北歐收納強調展示，因此不能放任每一樣擺件各自發展，同一個展示面上的物品要稍加控制。訣竅是「色系平衡」，整體空間撞色沒關係，但在同一個視覺平面像是書櫃立面或是層板平台，不能有太多衝突色彩，會容易造成視覺上的疲勞。

第二個技巧是「系列化」。同系列的器物、同材質的器皿，可以讓開放式收納的結果更為協調，例如白色系的杯盤、同款不同大小的玻璃罐，一座櫃子裡，各式單品魅力不易聚焦，反倒具有套組感的物件更能看見本質。

Plan **1**　　**書收納**——層板展示、矮櫃收藏

書收納不一定要排排站，也可像雜誌一樣擺放，層架＋矮櫃兼顧實用跟擺設，上方是正在閱讀中的書，顏色可以放心跳色；下方則是收藏起來的書，可搭配有門片的書櫃。此作法也可換上相片成為照片牆。可應用在餐桌區、床頭區、廁所牆，矮櫃的檯面、內櫃可因應不同區域放置不同物件，例如餐廳可放食物、衛浴可放盥洗用品等。

Plan **2**　　**雜貨收納**——器皿系列化

利用收納器具來達成展示收納是另一方式，食材乾糧收在玻璃儲物罐裡，直接讓食材色彩點綴空間，茶葉咖啡可選擇　瑯器皿，餐巾紙、桌巾則可放置在籃子。但要記得「器皿系列化」的法則，另外材質相近、功能相近的物品集中放置，減少凌亂感。

3

3

玩具收納──大型箱籃隨手收納

小孩的玩具可善用大型木箱、籃框等本身已是設計品
的物件來收，例如推車木箱跟儲物茶几。絨毛娃娃等
大型玩具也很適合收在鏤空或可見的裝置中，成為裝
飾的一種。小孩房適合壁掛式的收納道具，如房子造
型的壁掛木箱可收納小公仔或汽車模型，單排書報架
放床邊讀物，多彩的圓錐形掛勾不止能掛衣物書包，
利用收納袋還可放置零散小物。

2

家具家飾這樣配

玩心不滅！用家具家飾熱鬧創意

北歐風格強調自在樂活的生活態度，流暢線條跟有機的圓弧形可以讓空間充滿趣味性，家具設計具有純粹的線條感也大膽用色，溫潤樸實的原木家具也能表現簡約的純粹。所以偏圓的沙發扶手、弧形的椅背、圓型或橢圓形的餐桌、圓柱型的桌腳椅腳等都是北歐家具的挑選法則。

家具選配上，多了許多活動型的小家具可能性，像是電視櫃、茶几、床邊櫃、小椅凳等，這是為了呼應彈性至上的生活主張，高機動性的家具可以有更多的靈活應用，加上遊戲感十足的可愛設計、很適合有小孩的家庭跟不想長大的大人們。

針對家飾品，幾何圖騰的活潑感、雲朵汽球造型的燈飾抱枕，或亮麗或粉嫩的用色，放在空間裡怎麼搭都受歡迎。

至於色彩的搭配與運用，我習慣用中性色打底，礦物色、大地色等中間色的使用比例高一些，強烈顏色只會用在小面積，或者點狀使用做點綴。至於喜愛色彩純度高的人，選一個空間展現色彩就好，其他空間採取降色做法以及適度留白，清楚主角是誰會讓整體空間更聚焦。

Plan 1　沙發＋茶几──

趣味幾何造型 × 冷色系、中性色

有機弧形或是幾何造型的沙發，可以凸顯北歐風格的趣味性。另外沙發量體大，即使有顏色也要選冷色系或中性色會更加耐看。茶几可以選擇鏤空圓柱體的儲物茶几，上蓋亦可置物，幾何鋼構造型具有透視感、一大一小的圓充滿趣味；原木茶几也很合適，五顏六色、有些褪色的幾何線條很有北歐質樸不造作的風采。

Plan 2　餐桌＋餐椅──

弧形設計 vs. 不成套配對

圓弧餐桌安全設計適合親子北歐，也相當具有玩心跟樂趣，無邊角的造型跟空間的契合度高。餐椅的搭配可以跳脫成套的原則，因為每一張餐椅設計都有型，即便是不同品牌款式混搭也不會覺得衝突，但建議不超過兩個系列，也可以三張一樣、一張跳款式也跳色。

Plan 3　移動式小家具──

圓型幾何增加趣味性

北歐風注重彈性，活動家具使用量多，電視櫃、矮櫃、小餐車等都是常用的小家具，可以彼此混搭，例如床邊櫃放一座圓柱造型的邊櫃；鹿角造型的小凳子或是編織球狀豆腐椅不只可當腳凳，可愛造型也好療癒。

Plan **1** 生活器具 —— 可愛繽紛 vs. 個性低彩度

北歐風的生活器具可分為兩派：可愛亮彩與個性內斂。圖樣可愛、色彩鮮豔的器皿輕易
渲染家的童趣跟純真，相對的也可使用彩度不高例如灰藍、暗粉紅等中性色表現質感，
器皿多半具有工業感跟同質性，大小款式不一但屬於同系列。

Plan **2** 寢具 —— 藍黃花色＋幾何圖騰帶來好心情

建議寢具使用黃和藍色，這兩種顏色可以創造雀躍跟平靜的心緒，也重視床單的圖樣，
常用圖騰感較強烈的花色，例如幾何或漸層，北歐風格就是要透過色彩跟圖騰讓自己開
心。

Plan **3** 抱枕 —— 配合沙發色調整彩度

雨滴圓點、北極熊、鹿頭鹿角，或是幾何造型、數字符碼，都是北歐風格的經典圖樣，
能夠輕易表現北歐的歡樂。淺灰、粉紅、淺藍的抱枕，這三種顏色搭配灰色系或深藍等
冷色調的沙發非常協調，沙發跟抱枕的配色原則是：鮮豔的沙發放素色抱枕，但圖樣可
以是有趣的；若沙發素色，抱枕的彩度就可以拉高。

3

Plan **4**　燈具——

圓弧形 vs. 球體造型

北歐感燈具很大比例是帶有圓弧形跟球體造型，以球狀燈具而言，空間越大，使用的球體越大，小空間多選擇小型球體或是玻璃材質的太空球造型燈。也適合加入驚嘆號、漂浮汽球、探照燈、打著蝴蝶結等新奇造型。也會因應空間大小選用不同數量，長型餐桌使用兩盞吊燈，空間比例會更協調。

畫作——塗鴉童趣、抽象畫

童趣、抽象的畫作適合當作北歐風的家居掛畫，大型無框畫放在客廳、餐廳，
其他地方如臥室、走道的掛畫適合有加框的小幅畫，黑框或白框跟能夠表現風
格的簡約，小孩塗鴉作品加上黑框或白框就會是家中很棒的裝飾畫。

3

廚房、浴室這樣想

白色木色開放式廚具＋黑白經典衛浴

北歐風格廚房裡，白色廚具為首選，門片可帶點線板或立體壓框，亮面的烤漆門片也能呼應北歐的簡潔。若顧慮維護問題，上下廚具做跳色也是一種做法。非黑即白的色系最常在北歐風衛浴空間出現，最經典也最不失敗的方式，是以小塊磚來打造北歐風衛浴，或是白色地鐵磚當作牆面的主要材質，地板使用深灰或黑的霧面磚，若喜歡有些變化，可局部使用花磚。

Plan 1 **廚房──主題式開放中島＋木箱式收納**

若有中島吧檯，也要結合部分展示功能，將局部設計為書架，或以原有的中島櫃，加長人造石長度，下方結合活動家具。此外，牆面可採開放式層板，除了直接展示，也可利用木箱收納雜物或食材。

Plan 2 **浴室──白色地鐵磚 Ｘ 黑色霧面地磚**

黑色霧面磚的地板、白色地鐵磚的牆壁，簡單的材料手法就可打造出北歐風格的經典，記得黑與白不要交錯拼貼，過度前衛反而背離了北歐的清新簡約。若想在衛浴大膽玩色，不妨選擇在天花板跳色。

北歐親子度假屋，
全家的雲端樂園

挑高遊樂區＋鞦韆椅，
輕鬆收納又有趣

以度假為題的親子宅，既然是度假，不妨跳脫常
規、擺脫住家的正規模式，在這個空間裡不存在制
式的格局規畫、每個角落的配置，都是以「好玩」、
「有趣」做為這個家的代名詞！

首先登場的是天橋般的夾層遊戲室，像是懸空漂浮
在客餐廳的天頂之間，一進門就可看見！客廳鳥巢
鞦韆椅，打破家具配置的常規，創造使用上與氛圍
上的自由。茶几使用空心的鐵藝量體，可當桌面也
可置物，沙發旁的木製推車同樣具有擺飾跟收納功
能，亦體現順手收納的高度自由。

類型＿＿大樓
坪數＿＿18坪（實際面積）
格局＿＿客廳、餐廳、開放式廚房、閣樓遊戲室、臥室、衛浴、陽台
建材＿＿栓木刷白木皮、自然灰橡系統櫃、超耐磨地板、白色鐵件、
　　　　清水模板

過道設置挑高空間，有效運用又無壓

由於進門後的視線落在開放式客餐廳，挑高3米6的樓高，一眼望去顯得太過空曠單調，因此借用餐廚區跟客廳中間的天花板高度，在這過渡地帶規畫閣樓，一進門就可看到空橋設計，不必擔心影響空間高度的舒適性，可以用來當儲藏空間，也可以做爲孩子的專屬遊戲天地。電視牆前方垂吊的一張鳥巢鞦韆椅，讓人童心瞬間被激發啓，讓客廳不只是看電視的地方，而是串連閣樓遊戲室跟餐廳、一家同樂的大型遊樂場。

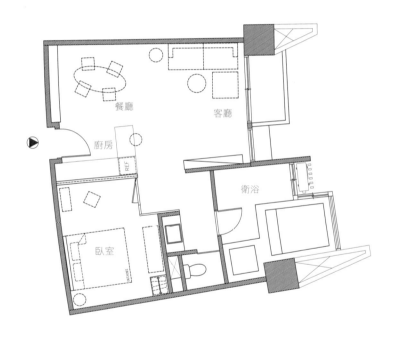

全室風格規畫重點

收納__獨立遊戲室阻止玩具到處撒野

家具__不同組餐椅＋收納籃茶几

色彩__灰＋藍，高度包容的背景色

家飾__球形燈具泡泡樂趣

廚房__冰箱轉向＋吧台界定

開放式的客餐廳因為空橋遊戲室有了劃分，高低層次讓空間變得有趣，將門口旁的餐廳定義為樂園的起點，垂吊的球形吊燈搖盪玩心，斜擺的餐桌挑戰制式，餐椅也挑選不同款式相互搭配，企圖打破餐廳的正經印象。

1 挑高空間局部做成空儲物小閣樓，也讓客廳餐聽恰好有所區隔。
2 沒有獨立玄關，進門直接面對開放的餐廳與客廳，用生活畫面作開場。

鳥巢鞦韆椅顛覆客廳的使用方式，強調空間的同樂與互動。

1 閣樓規畫在餐廚與客廳之間的過道,即便高度降也低不影響空間感。
2 二分法區分公私領地,用門框界定空間亦維持穿透。

以藍色爲基底，創造北歐繽紛

色彩絕對是啓動樂趣的最佳元素，藍色很適合打造北歐樂活住宅，可以輕鬆可以內斂，同時也是個很好的背景色，接納所有家具物件，不需爲配色傷腦筋。

若有挑高條件，建議天花板使用色彩跳色可以凸顯高度，例如這裡的深藍色天花板，因高度夠而不必擔心壓迫，增加色彩反而更能強調歡樂感。電視牆使用栓木刷白，利用不同材質的轉換讓白色空間更加細膩。

從客廳要前往臥室的端景牆上再度運用淺藍色，以暗喻空間性質的轉換，這面牆可以掛上任何色彩的畫，甚至隨意擺個鮮橘色的小馬，提高風格主題。

親子房的小閣樓概念

18坪的房子平常可以隔出兩房來，不過設定為度假宅，想要保有家人互動的初衷，加上有大浴室跟湯屋的既定需求，因此把絕大部分的坪數留給公共空間，只安排一間臥室。考量到小孩會有自己睡的一天，在臥室中另外設計了小閣樓臥鋪，以滑軌設置活動鏤空爬梯，不需要時可推到牆邊收起，降低量體對小空間的影響。爬梯緊挨著下方的雙人床，增加安全度。用上下鋪的概念串連親子的睡眠空間，無形中增加親暱度。

玩鬧的樂園也是需要休息的，度假居所的空間設定通常要滿足兩個需求：白天可以聚會同樂，夜晚能夠舒眠放鬆。所以用一扇門框替公共空間跟私空間分界，聚會遊戲的互動空間集中在前端，洗澡睡覺的休息空間統整在房子後端，擁有較安定的環境。把門框當成一個隱形的介質，進出之間轉換心境，也幫助孩子切換休憩跟玩樂模式。◆

1 房間角落刻意留白，擺放搖椅與壁燈打造樂趣小空間。
2 主臥利用挑高規畫閣樓臥鋪，提供給小朋友獨立的睡眠空間，也是小孩的第二個私密天地。
3 延續挑高遊戲室，利用空間錯層創造親子同房不同床的獨立性。

storage

收 納 計 畫

Plan

1

開放式櫃體，運用高彈性

主要的大型收納櫃安排在進門旁，運用開放與封閉式收
納互相搭配，衛生考量讓鞋櫃有門片，作為空間底牆又
增加餐廳的櫃機能，運用開放式層架賦予多重彈性，除
了當展示書櫃，藉由收納籃等單品，亦可成為餐櫃。

獨立遊戲室，省去收整玩具的煩惱

為了給小孩歡樂、大人輕鬆的同樂環境，利用挑高夾層專闢一區遊戲室，獨立空間任憑孩子們撒野，不必擔心灑滿地的玩具影響客餐廳整潔，省去大人因玩具亂丟而費心整理的時間。爬梯使用折疊梯，收折時能隱形，是個樓梯收納妙方。

furniture

家具家飾計畫

Plan

1

餐桌椅異中求同，隨性北歐不凌亂

餐桌斜放跳脫規矩也增加餐廳的空間感，選用橢圓形的
餐桌，沒有銳角、斜放不會造成壓迫；不同造型的餐椅
互相搭配增加樂趣，餐椅以弧型線條為主且椅背都有相
似的格柵造型，同樣元素增加協調感，維持北歐的隨性
而不亂套。

kitchen
廚房計畫

冰箱換位新增吧台,小廚房機能更完整

原本冰箱位置在流理臺旁邊、面向餐廳,考量設備缺少遮掩,以及一字型廚具的流理臺面太小,將冰箱開口轉向客廳,新增一道冰箱側邊隔板,從此立面延伸出吧台,替廚房爭取料理平台,也讓廚房跟客餐廳之間有個緩衝。

位移一房，
小家就有互動大廚房

中性色＋低彩度，
讓問題角落變成最棒空間

這間房子的主人是一對等待新生命的夫妻，除了主臥還想要有一間小孩房預備未來。權狀23坪，室內面積只有18坪，通常在這樣的小坪數裡想要有兩間臥室外加一間大廚房，好像是很遙遠的夢想，或是得犧牲房間坪數來換取廚房？其實只要調整關鍵格局，各空間就能夠平衡。

在這個案子裡，利用開放式廚房增加小坪數的空間視覺，變更小孩房、廚房跟客廳的位置，稍微濃縮客餐廳的尺度，適當加以鏤空跟穿透，即使隔出兩間房，外加擁有一個完整的客廳跟大廚房，也不覺得擁擠。

小坪數最安全的做法是維持統一色彩，家具配色也不脫離「灰＋木＋白」的搭配原則，整間房子不跳色，只有少部分家飾如掛畫或是餐椅可以使用不同的色彩如黃色、藍色來點綴北歐風的清新跟活力。

類型__大樓
成員__2人
坪數__18坪
格局__客廳、開放式餐廳廚房、主臥、衛浴、小孩房、後陽台
建材__超耐磨木地板、系統櫃、色漆、少量木作櫃、鋁框拉門

關鍵移動一房，釋放卡卡格局

建商一開始在規畫時，原先設定好的客廳位置在主要的光源旁，但是窗景是別人家的鐵皮屋頂，醜醜的鐵皮風景多少會翻攪生活上的好心情。將原客廳處移做小孩房，採光充足的臥室對孩子的成長是個助力；客廳則是內退至房子後端，並讓電視牆跟小孩房共用一道雙面櫃，至於原來的一字型廚房跟小孩房打通之後，成為方正且開放的餐廚空間。

廚房設計是翻轉本案的重要角色，打掉一道牆，納入隔壁1.4坪空間，一字型廚具因而可以變換位置，重新組合並新增櫥櫃檯面，誕生好用的L形廚具，上方也新增木作吊櫃，增加廚房的收納量。如此一來，創造出轉角角落，正好當作餐廳的位置，L型廚具的長邊也成了餐廚區的隔間，各自獨立又彼此親近融洽，公共區域擁有和諧的對應關係。

before

after

全室風格規畫重點

收納__一物多用雙面櫃＋代替儲藏室的儲物櫃

家具__圓弧造型量體輕巧

色彩__中性色背景＋藍、黃色點綴

廚房__拆解一字型廚房，截長補短變身大廚房

1 空間越小顏色要越素雅，同為大地色系的背景跟家具彼此相融。
2 圓型餐桌正好放置在開放廚房的角落，客、餐廳跟廚房形成和諧的對應關係。

電視雙面櫃，升級小孩房彈性收納力

小孩房和電視櫃共用的1米6雙面櫃，高度足夠遮蔽隱私，上方用玻璃將自然光帶到客廳。客廳深度4米多，利用系統櫃在沙發後方做了一座同樣高度的矮櫃，創造壁櫃的功能，並在檯面加上插座，供置物、充電、放檯燈，增加多元使用性。

重新訂製的小孩房有1.7坪，仍然賦予充足的收納量，用系統櫃整合床組跟衣櫃，床的下方有收納抽屜，而底端有一座完整衣櫃，側面還可以設置掛勾吊掛衣物包包，床上方為了避樑，順勢從樑的下方貼附一片層板，這道層板天花不只隱藏了樑也製造出收納空間。床邊的空間預先量好書桌尺寸，目前暫放活動式收納櫃，孩子小的時候收納玩具，長大了就換上書桌；雙面櫃的櫃深30公分，開放式的層板可以當作書櫃或是利用收納盒儲放雜物。◆

1 客廳電視牆與小孩房隔牆櫃體，以雙面機能做設計。

2 房間沒有特別跳色，用飾品寢具來創造北歐的活潑繽紛。

3 小孩房的天花板為了避開樑，半包覆手法讓板材往外延伸成為儲物架。
　隔牆使用開放櫃，上方清玻璃讓光線可以透進客廳。

Plan
1
彈性移動門片，整合鞋櫃＋開放收納櫃

玄關鞋櫃跟沙發的距離太近，用滑推門的門片解決無法開門的問題，滑軌做滿整個玄關區，門片可以自由移動，選擇性地遮掩局部空間與開放式櫃體，也可將門推至門口處，變成一個完整的獨立小玄關。鏡門片還可充當穿衣鏡。

沙發背櫃，輔助式收納

沙發與電視牆的距離夠寬，因此特別在後方安裝一組與椅背齊高的收納系統櫃，平日可設定為較少使用的雜物、備品，有需要時才移動沙發取用，讓小坪數的家又多一處收納區。邊櫃的平台則方便置物與裝飾擺設，平台上也設置插座，增添機能。

Plan
3

單軌門片爭取衣櫃空間，靈活開闊變換櫃體表情

主臥的寬度有限，衣櫃捨棄開門式，而使用最不佔空間的單軌滑推門，多爭取了 8 公分的厚度，衣櫃中段特別讓上方層板跟抽屜內退，一來考量位於高處的層板若深度太深會不好拿取，二來深淺錯位的設計讓櫃體產生層次，即使門片全開也不呆板。

Plan
1

改造一字型廚具，拆除擴充變身大廚房

原來建商附的一字型廚具拆成三段後重新組合，在轉角角落新增一座系統廚櫃跟檯面，拓寬成 L 型廚具，上方吊櫃除了沿用建商的機器設備，也另外木工訂做兩組開放式層板櫃，一座大型的面向餐廳、一組小型的卡入兩組吊櫃之間的畸零處，完美利用轉角的重疊空間。

Plan
2

局部吊櫃＋轉角櫃，釋放給用餐區

L 型轉角廚具的交疊處，往往是收納的難題，轉角收納設備是一種選擇，但收納量其實不大，不如讓渡給餐廳，新增的櫥櫃做為餐櫃，檯面則為餐廚共用，結合上方開放式吊櫃，替小餐廳創造完整的收納機能。廚房上方吊櫃鏤空以及料理台中段挖空的做法，能夠增加互動也替室內引入光線。吊櫃鏤空的高度與門框切齊，注重線條的一致性可避免空間高高低低太過凌亂。

kitchen
廚房計畫

收納這樣做

配件式收納，善用質感收納器具

相較於北歐風格，美式風格的收納在視覺上比較收斂，不走瓶瓶罐罐外放的路線，而是善用有質感的收納器具，再透過系統的擺放來展示風格。

一般來說，輕美式的木作櫃子不用多，光是使用開放式層架加上活動家具，再搭配收納配件就很足夠，收納重點在於統整家中的各式物件，不讓瑣碎破壞居家美感，這時，例如籐籃、布筐、木箱、木架等，就是有型有款的輔助器具，生活物件不必非得像北歐風那樣有特色，哪怕是零碎小物或是外包裝不討喜的，都只需要做到分類清楚，依序收羅到「外貌協會」的容器中即可。

但要注意的是，收納器具本身的尺寸可以不一、大中小皆可，但務必是同樣的質地或是款式，並且著重溫馨、有天然觸感為佳。

眾多的收納器具中，籐籃是營造輕美式風格最重要的收納道具，由於粗細不一的手工編織具有濃郁的手感溫度，天然材質還可輕易塑造出美式居家的閒適；紅酒箱、木箱也另一絕佳的收納器具，在色調的選配上，以淺木色尤佳，但使用於空間的總數量不宜過多，主要是因為木箱的方形體積，對於強調柔軟舒適的美式風格來說有些生硬，搭配得不適當，不小心就會變成北歐或工業風，失去了柔軟的質性。

1　　2

Plan **1** **籐籃式收納**——衣物包包散落各處也OK

家門入口處放個大籐籃，可以讓小孩一進門就放下書包，不必擔心書包亂放。籐籃也適合放衣物，主臥床邊、更衣室內的籐籃放置早上換下來的睡衣，省去折疊時間，也解決睡衣丟床上的習慣。吹風機用獨立的小籐籃收納，放在桌上拿取方便也不影響美觀。

Plan **2** **木箱式收納**——收納不規則形狀的物品

玄關櫃底座高度提高，可以在下方放置木箱，收納小孩的溜冰鞋、球具、玩沙工具等；大人們外出的提包、公事包也可以用大木箱收納，方便回家跟出門時拿取，也避免包包被隨手放；木箱也是放置礦泉水跟寶特瓶的風格收納法。

3

4

Plan **3** **托盤式收納——**

每一件物品都要有容器

鑰匙、遙控器等小物件不妨利用木托盤來統整，一個個物件散落在同一平台上，即使整齊擺好，仍會有零零散散之感，收在淺木盤裡，反而可以讓整個檯面看起來更乾淨。

Plan **4** **食物架收納——**

把食材當作廚房展示品

在歐美國家常看見攤販用木箱裝載蔬果，一般家庭食材量沒那麼大，鐵製三層的食物收納架倒是不錯的選擇，洋蔥、南瓜、薑等不需要冰冰箱的食材，放在開放鐵架內不只拿取方便，也成了廚房的生活展示。

家具家飾這樣配

大家具道地經典，小家具混搭風格

沙發是美式空間的核心，像是餐桌、沙發、餐櫃這類大型家具可以很道地，其他小家具如小茶几、小凳子則可以混搭其他元素，增加個人風格和趣味，並不建議每樣家具都要很道地，這會少了點清新感，例如餐椅可以休閒一些，使用籐編、木頭的元素，或是把北歐、輕工業風帶進來，讓空間更自在。

輕美式可以説是加了休閒、現代元素的美式風格，透過這兩種調性的家具除了讓空間線條簡化，也可以創造出無負擔氛圍，單價比起正統古典美式家家具親民許多、入手容易，風格營造也更為輕鬆。

家飾選物大原則是：精緻度高，或是具有不規則的手感。裝飾物件要有線條細節與時光痕跡，帶點輕古典造型，不能太過精工或是工業感的量產品，選擇籐籃、油畫、白色寢具不會出錯。而地毯和立燈是重要的美式家飾，地毯等織品類可輕易帶出溫暖，黃光的燈能夠給予空間溫度與舒適。

色彩方面，美式家居的色彩一定要柔和，強調質感而非色彩，所以用低彩度的空間主色調配合家飾，霧鄉、法國灰、淺藍都是好搭配的中性背景色，讓家飾品的選擇多一些。

1

Plan 1　　**沙發＋單椅——**

素色沙發配特色單椅

美式沙發的特色元素：布材質、量體厚實、坐墊蓬鬆感、布裙下襬、局部鉚釘、厚扶手。如果空間條件允許，可以配置一張三人沙發＋一張單椅，只要掌握一個原則：素色沙發配多元顏色和樣式的單椅，例如除了正統主人椅，也可以選擇搖椅增加趣味性。如果喜歡帶點鄉村田園風，可以選擇一點花卉圖騰沙發，或是用在單椅上。

2

3

Plan **2** **餐桌餐椅——**

木餐桌＋休閒款餐椅

美式餐桌的材質多以木材質為主，實木最能展現風格的原始跟時光風味，桌腳椅腳可挑選稍有古典滾邊的雕飾，餐椅搭配休閒款式，木材質結合籐編或是籐製餐椅，又或者交叉跟欄杆造型的椅背都能表現美式的田園感。餐桌跟餐椅的搭配可以一深一淺，整體更有層次。

Plan **3** **活動家具——**

融入輕工業、北歐家具做混搭

美式家具的搭配主張靈活混搭，線板、雕飾、花式柱腳等古典元素是美式風格的元素，最常用於大型活動櫃如餐櫃或是寫字桌，其他小家具如茶几、邊几可以混搭其他風格的家具，像是帶有工業風的鐵件木箱或是休閒風味的老木托盤茶几，創造不過於沉悶的美式風格。

1

Plan 1　地毯──色彩配合沙發單椅

材質以棉麻、羊毛為主，年輕族群通常偏好素色或抽象圖騰，但地圖樣不要太現代，喜歡經典則可選花地毯。適度地跟沙發單椅的花色調配，若單椅沙發較花、顏色較深，就用素色地毯搭配。

Plan 2　燈具──暖色溫，輕古典造型

美式風格重視溫暖氛圍，黃光是最能製造溫暖的色溫。壁燈、吊燈、立燈是風格營造的重點，其中布燈罩、古銅立燈桿、雕花壁燈溫馨，也具有古典意象。燭台吊燈是古典美式風格常見的造型，對於輕美式來說稍微古典了一些，但結合鍛鐵材質可以適度降低華麗感，更適合現代居家。

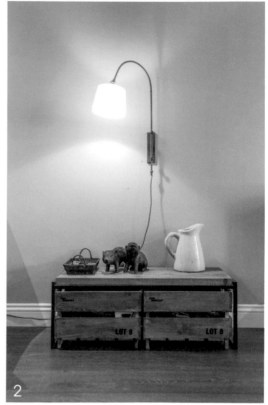

　畫作──油畫凸顯份量、金色框邊表現優雅

空間的裝飾畫作以油畫為主，有歐洲宮廷的風情，也讓居家更有品味，有框的畫呈現精緻，而香檳金的框會讓整體更為典雅。選畫時不要太抽象，以人物或是靜物為主，畫作的色彩搭配牆壁色系，也可以用生活照替代畫作。

1

廚房、浴室這樣想

線板門片＋古典鍛鐵五金配件聚焦風格

白色廚具最符合美式，線板門片與五金把手是重點，手工磚也是不可缺少的元素，多半用在流理台的壁面。廚房的配備如陶瓷水槽、古典造型的水龍頭也很能夠營造風格。

美式風格的浴室講求氣氛，牆壁下半部會沾濕的水區使用磁磚，高度120cm以上、較少碰到水的乾區會用線板跟刷漆，可以掛鏡子、畫，空間條件允許還能加設層板架，放置書報跟裝飾品。鏡子可以使用活動鏡，像是鍛鐵材質，也可以是籐編或是麻繩。

2

2

衛浴配件——古典造型與鍛鐵架

用飾品強調氛圍的營造，活動鏡、水龍頭造型都要講究，例如五金配件如花灑、龍頭、毛巾桿、掛勾選擇古典造型跟鍛鐵材質，都可以創造出復古典雅的風格效果。

壁掛設計——吊櫃＋展示木架

輕美式廚房的櫃體封閉性比較強，多有門片而且會跟格子玻璃門交錯配置，除了固定式櫃體，還可多利用壁掛木架、小木櫃，把瓶瓶罐罐當展示品，讓空間更生動。

減減減！
單色彩、低明度
美式清爽屋

線板、格子窗、企口板不用也有型

這是我現在的家，已經換屋來到第8間房子了。40歲的時候換屋，最想要的是有陽台，可以跟陽光親近，讓花花草草替生活注入更多生命力，遇上這間邊間屋，有充足採光，每間房與客餐廳都能觸碰到陽光，剛好陽台欄杆是古典曲線，呼應美式造型，於是，風格發想就從日光陽台展開。

會選擇美式風格，也是基於一種實驗精神。美式風格重視家人的情感流動，跟我們一家三口的親暱狀態其實很Match，但我的個性比較中性，喜歡清爽簡單的事物，因此輕美式的設計來到我手中，第一步就是「減法哲學」。捨棄過度女性化的元素、加入中性且手感的物件、線條盡可能地減少……這樣的家才能讓不同性格與性別的人都能住得自在。

類型__大樓
成員__夫妻+1子
坪數__32坪（含陽台）
格局__客廳、餐廳、廚房、主臥、小孩房、衛浴、更衣室
建材__老木、手工磚、復古磚、超耐磨地板、活動家具

好清理建材 vs. 低彩度美學

規畫一開始，要先滿足家中「衛生股長」的要求，先生很重視整潔，因此室內地板選材是兼顧好用、好維護的超耐磨木地板，至於玻璃材質看似清爽，但其實易沾黏指紋髒污，也較冰冷，不會是我們會選擇的材質。男主人另外的要求是要有寬敞乾淨的獨立玄關，做為從戶外入屋的「灰塵隔離區」，同時也希望有一間通風明亮的浴室，為此，我們特別在玄關的地面材選用和浴室盥洗區相同的復古磚，和其他空間的木地板做出區隔，同時兼具止滑耐髒汙的功效。

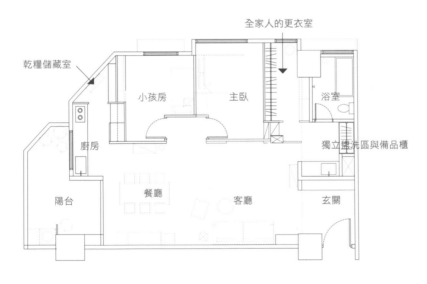

全家人的更衣室

乾糧儲藏室

小孩房　主臥　浴室

廚房

獨立盥洗區與備品櫃

陽台　餐廳　客廳　玄關

1

2

全室風格規畫重點
收納__獨立更衣室＋盥洗區備品櫃
家具__仿古木家具＋原木老件
色彩__褐色 vs. 灰綠色牆體
家飾__玻璃餐具櫃＋家人照片相框
廚房__畸零角落，變身乾貨零食間
浴室__手工磚＋平台式收納

至於生活美感情調，當然就是由女主人我來
負責。讓天花板跟牆面盡可能成為單純背
景，稱職凸顯家具的質感和線條。整間屋子
只使用一種灰綠色彩做為全家的牆面主調，
底部再襯托深色木地板。衛浴空間則貼上湖
水綠的手工磚，主要是希望藉由磚面的溫潤
感與柔化過的線條，讓沐浴區更加清爽放鬆。

1 天花板只以細緻的線條滾邊，取代繁複的線板層次，空間更簡約。
2 用電視牆做為動線的分界點，往右轉入更衣室跟浴室，往左則是個人房間。

採光良好的條件下，使用深色木地板強調穩重的中性性格，同時保持住家的清亮。　　109

廚房的畸零角落做為乾糧儲藏區，很有美式家庭的作風。

黑色復古地磚與舊木杉木天花板，替香草花園打造濃郁的田園背景。

有機感的家具入住

在硬體的裝修上，雖然減化了大量美式鄉村元素，但仍得關鍵保留簡單的線板門片與踢腳、大窗框，以及木地板做為基礎背景。

因此，家具家飾成為空間的焦點。選購時會特別以有機、具有生活痕跡的物件為首要選擇，而手感家具與溫潤的老木老件正是最適合的元素。像是帶著天然缺口及木疤的大餐桌、摸起來觸感舒適的仿舊餐椅與托盤式木茶几，甚至壁燈與端景鐵架、古董寫字桌以及復古搖椅，都讓每一個角落有種安適穩定的質地，好像它們原本就已經在那裡了。

像這樣以簡潔的基本裝修打底，哪一天家人的生活型態改變，需要另一種風格進駐，也只要將家具家飾換掉，就會是新樣貌！

特製格局，以全家習慣爲依歸

特別要注意的是，輕美式鄉村需要一定坪數來強調對稱及比例，並著重要家中共處的規畫上，因此，32坪左右會是比較適合的基本規格。

餐廚空間是我與孩子最常使用的區域，順應既有的先天條件，讓廚房跟陽台相鄰，廚房窗台望出去是香草花園，把良好視野留給料理的人，增添廚事的愉悅心境；小孩在餐桌上寫作業、玩玩具、等待美食上桌，讓媽媽做菜的時候也能看顧孩子、跟孩子聊天，疲憊時一抬頭就能被窗外的綠意世界療癒。

整體格局順應全家人的生活習慣，秉持「公共空間大、房間小」的原則，主臥室與小孩房只規畫睡眠區與個人小物件收納區，主要的衣物及較大型的生活用品則移出房間，集合放置在全家共用的更衣室。由於家中成員不多，只規畫一套衛浴，並將面盆區特別安排在沐浴空間之外，讓家人分區使用，不需上演搶廁所的戲碼。

如此一來，家中自然形成一套動線，只要從室外進屋，就會自然而然地先去洗手、走進更衣室換衣服、置物，然後走入浴室洗澡。

依照生活習慣塑形的家，不只好住，更能讓每個成員更自在。◆

1 更衣室與盥洗區之間剛好有一處畸零空間，架設層板跟活動抽屜櫃，放置常用的毛巾毛巾與襪子，增加收納靈活性。
2&3湖水綠手工磚與復古磚打造清新恬靜的衛浴空間。

1

2 3

Plan
1

整合盥洗動線＋內凹深櫃

創造空間裡的內凹空間滿足雜物收納。盥洗區規畫60公分的深櫃，擺放盥洗備用品也解決行李箱的收納，櫃體位置安排在沐浴與盥洗動線上，以直覺式收納節省不必要的走動與取物置物，相關的用品才不會漫延整個家。

Plan

2

是更衣室也是乾衣間

小家庭不妨將全家的衣物收納機能整合在一起。
入口處借用電視牆側內凹，做出層架、抽屜式收
納空間，擺放毛巾、浴巾，供應一旁盥洗使用。
往內延伸成為獨立更衣室，全家人依照物品設定
收納方式（層板、吊桿、抽屜、掛勾等）。木抽屜
與層板上方設置黑色鐵件橫桿，天雨時拉上隔簾
掛上衣服，使用除濕機即可成為乾衣間。

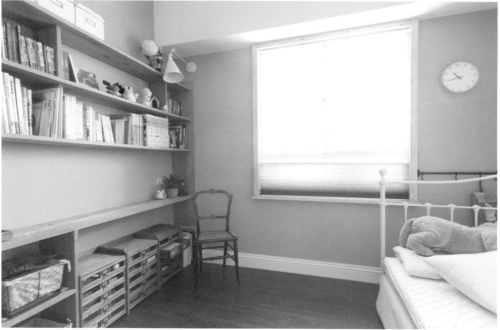

內縮牆體，嵌入式櫃設計

以彩牆背景設計一個層板框，除了做為固定式書架，下方也可搭配活動式抽屜木箱、紙盒鐵籃等收納設備，將小朋友零碎而大量的小玩具、文具，採取配件式收納讓物品分門別類，好收又好找。門後方則施作固定掛勾，爭取更多置物區塊。

主臥風琴簾的功能，遮住了窗外的快速道路，只取藍天與遠山；內凹式書架，與牆體整合出平整立面。

furniture

家具建材計畫

Plan 1

雙地板材，區隔乾濕與內外

玄關和盥洗區都使用復古磚為地坪材質，跟室內木地板產生區隔。使用深色木地板需考慮室內是否光線充足，再搭配灰綠色的牆面使之協調。家具的色彩明度必須高於地板，整體空間才不會太過低沉。

Plan 2

老件家具搭配老木新作

選擇線條細膩且具有時空感的老家具，例如來自印尼的餐桌與餐櫃，但不建議全都使用老件，那會使得空間過於沈重，搭配老木新作的家具可協調新舊，也可局部改造符合使用需求，例如將沙發旁寫字桌板改為大理石檯面，材質混搭也更經久耐用。

kitchen

廚房計畫

Plan

1

畸零角地變身乾貨美型展示間

廚房底端的畸零角地使用上較不方便，因此施作隔間牆讓烹煮區格局方正，也多了三角型儲物間。儲物間視線可及處規畫乾貨零食層架、吊掛區方便取用，弧形門左側內牆因視線隱密，則置放掃除用具。

Plan

2

L型老木窗台，拉寬視野方便置物

廚房捨棄懸吊櫃，特意規畫一 L 型角窗，讓視角可以大於180度，一覽戶外陽台香草花園，此外，也以老木設計窗台延續窗外的綠意，創造田園風情的置物平台，招攬日光還能兼具收納、展示，搭配下方的手工磚，流露自然手感。

bathroom
浴室計畫

Plan 1

用矮牆收管線，創造平台式收納

利用隱藏管線所需寬度砌出矮牆做為置物檯面，一來不需為了埋設管線做滿高牆，檯面上空間與內嵌式的收納洞口可擺放衛浴用品，放置植栽也很合適，在窗下置入老木頭被日光薰染，搭配清澈海洋的色彩讓這小空間展放生命力。

Plan 2

適度留白，碰不到水的地方不貼磚

磚可美化空間也可防水，但如果整間浴室貼滿面磚，就會顯得侷促壓迫，浴缸跟馬桶上方的牆面因為碰不到水，正好可以順應馬桶上方的半高平台拉出一條分界線，保留白牆，不會碰到水的地方不貼磚，不只省預算，留白也讓空間更清爽。

換個家具就不同！
After 的 After，一個新家 N 種模樣

家的型態反應生活的樣貌，跟隨人的改變，空間的配置也要能跟上腳步。我家就是很好的例子。

因應家中衛生股長（我先生）的意見，擔心老木頭的木疤凹痕易堆藏塵屑，將舊木餐桌換成表面平整度較高的實木餐桌，替桌面清潔省不少心。原來的餐廳因為餐桌量體龐大，不適宜再塞進櫃子，實際生活後發現，餐桌旁還是要有一座餐櫃支援儲物跟臨時置物，新添購原木餐櫃同時將餐桌轉向，騰出一道牆面做為餐櫃的落腳處；順應餐桌形體，置換成同樣精巧的鐵藝吊燈。

客廳還有一大改變，大茶几跟地毯消失了！取而代之的是寬闊的客廳，是孩子能夠盡情跑跳的遊樂園地。原先在沙發旁的空缺改放矮木箱櫃，高度正好放置沙發隨手可拿的物品，同時利用小邊几支援大茶几撤離後的零碎物件。

這次的調整正好呼應我不斷提倡的「家具表現風格」以及「減少固定裝修、多了彈性」，這兩點原則，也是「越簡單越好住」的驗證成果。

1 吊燈因應餐桌轉向換位置，燈具線路走原來的出線孔，只是另外在燈具垂掛處設掛勾定位燈具也一併整理吊燈的鏈線，利用弧度的美感減去鏈線的凌亂。
2 餐桌更換後視覺體積縮小，90度轉向後也不覺得壓迫。配合餐桌，選擇細圓柱格柵、弧形椅背的餐椅。
3 撤換大茶几跟地毯之後，客廳重新擁有一大片空地，可坐沙發或席地，使用客廳的方式更為自由！

輕量化小美式！
13坪空間一應俱全

鏤空＋透明＋折疊，縮一房更好用

美式風格過去承襲古典風格，講求對稱，習慣透過家具來營造風格，強調舒適、穩重的家具量體通常不小，讓許多人誤以為美式風格必須以大坪數為基礎，事實上，小空間一樣可完成美式居家的夢想，這間13坪含陽台的美式小宅，就是很好的例子。

坪數雖小但女主人仍希望保有溫馨感，牆面刷上奶茶色製造出溫暖氛圍，空間中的量體像是櫃子、層板、門片都使用白色，有放大空間的效果，也可以淡化量體的存在感。

原本的格局設定讓兩間臥室幾乎一樣大，但其中一間小孩房並不需要太大的空間，所以縮小了小孩房、拓寬走道，同步爭取了餐廳空間。只是位在房子內部的餐廳並無靠窗，是跟走道合而為一的小區域，這也是把小孩房門改成玻璃拉門的原因，一來把小孩房內的自然光引入餐廳，二來半開放式跟半透明的設計無形中擴大了餐廳的空間感，餐廳跟客廳之間的鏤空屏風也具有同樣作用。

類型__大樓
坪數__13坪含陽台
格局__客廳、餐廳、廚房、主臥、小孩房、衛浴
建材__鋁框拉門、超耐磨地板、系統櫃、色漆

三人座舒服沙發不能少，用折疊餐桌省空間

慵懶舒適的居家氛圍，少不了一張舒服的大沙發，即使是小坪數也不建議縮小沙發尺寸，一樣維持三人座沙發，可以讓空間不瑣碎，然而，沙發的款式不宜太過張揚，選擇造型簡單的素色布沙發，簡約調性讓家具跟整體空間更融合，也可降低沙發的巨大感。

小空間對大型家具要有所取捨，保留了大沙發，勢必對另一樣大型家具的尺寸要讓步，餐桌選擇小巧的折疊桌，可依使用需求調整桌子大小，平時人少或簡單用餐時，小桌子的狀態可以保有空間感。

由於內縮了小孩房，等於客廳沙發背牆少了一截，於是新增一段木作鏤空屏風當作沙發靠背，也恰好做為客餐廳之間的分界，比起實牆更有通透感，也不會造成空間的封閉。

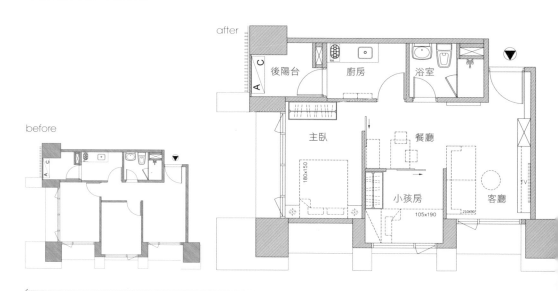

全室風格規畫重點
收納__層板＋矮櫃＋高櫃，混搭收納法
家具__現代、北歐小家具＋美式鄉村餐櫃
色彩__奶茶色＋白色，plus暖黃色
家飾__掛畫＋藤籃，點到為止不過度

1 玄關利用門後空間設計12公分的層架，方便回家順手放置鑰匙零錢等雜物也可擺裝飾品。

2 不做電視背板，櫃體也不做滿，讓深度有限的客廳維持通透。

一牆之隔就是餐廳與小孩房，直紋玻璃結合格子造型，可引光也具有隱私。 　127

1

2

1 用一道鏤空的木作屏風創造完整的餐廳區域，也提供完整的沙發安定面。
2 內縮小孩房、整合走道而誕生的餐廳，周圍均利用半開放式隔間降低封閉感。
3 主臥房門採用穀倉門，刻意讓粗獷開門形式搭配簡約門片，栓木染白再磨出木紋，直接讓木肌理表現美式的質樸。

穀倉門破題，美式混入北歐小家具

小宅走簡約美式路線，因此美式元素在精不在多。

主臥房門採用穀倉門，外露黑鐵軌道跟滾輪吊軌成為顯著的風格語彙，門片則刻意選擇使用栓木染白而不多加造型雕飾的素雅線條。小孩房的玻璃門加上細緻的白色格線，一樣能詮釋玻璃格子窗這項美式元素；櫃體門片使用壓框門板代替線板門片，省去線板的層次堆疊會更加耐看，簡單乾淨的視覺，對於小空間來說格外重要。

硬體裝修上的美式元素盡可能簡化，利用家具來凸顯風格，不過因為是小坪數，家具不建議太古典的樣式，融入現代、北歐風格的小家具讓整體更為簡潔清爽，只用一張鵝黃色的鄉村餐櫃聚焦，在白淨的空間中加入一點可愛跟溫馨。◆

收納計畫

Plan 1
旋轉鞋架創造小鞋櫃高收納量

空間小不宜有太多高櫃,只規畫一座寬度85公分、深度40公分的鞋櫃,兼顧垂直跟水平的空間感,考慮收納鞋子的空間可能會不夠,使用旋轉鞋架來增加收納量;但鞋架不須做滿櫃體高度,太高的鞋架不好拿取,因此乾脆在櫃體上方規畫儲物空間,可放置登機箱或不常拿取的大型物品。

Plan 2
高低錯位的收納櫃讓空間呼吸

小坪數的櫃體量不能太高、太多,公共空間只規畫一座高櫃做為鞋櫃使用,電視櫃則降低台度,利用天花板跟高櫃頂部的空間規畫層板,不浪費任何收納的空間,可藏書或善用收納盒置物,讓收納向上發展可以保留空間的開闊感。另外大門門後的深度太淺,使用置物架解決進門時的雜物收納。

Plan 3
透空收納櫃降低衣櫃量體感

被縮小的小孩房,收納用一座衣櫃跟層板架解決。因為小空間更該平衡收納量跟空間感,衣櫃不做到天花板可以讓空間開闊,上方用局部開放的櫃設計來降低龐大的量體感,也賦予衣櫃多元的收納機能。在床頭牆加裝層板,利用衣櫃跟牆面的深度落差來平衡突兀,將收納設計放在同一面,可減少視覺負擔。

1+2

家具家飾計畫

Plan

1
三人座沙發的舒適，是美式風格的精髓

寬大舒適的三人座沙發是美式居家的必備，造型刻意選擇素色簡約款，沒有花式線條也沒有鉚釘滾邊，只有裙擺表現出美式風格，圓型扶手跟側邊內縮的設計削弱了量體的龐大，讓三人座沙發看起來略顯輕盈。

Plan
2

大型金框畫作，遮電錶箱又凸顯風格

強調簡約，客廳沒有太多風格飾品，只用一幅大型畫作表述，目的是蓋住電錶箱，也剛好是空間的端景畫；金色框細緻典雅、現代藝術的畫作帶入年輕又優雅的氣息，色彩則呼應沙發的卡其色跟空間的奶茶色。

Plan
3

白色折疊餐桌＋暖黃餐櫃

由於餐廳是跟走道共生的一個區域，且臨靠小孩房，使用折疊餐桌可以增加此區的機動性，白色餐桌餐椅與整體空間的白色立面、櫃體相搭，也能降低大型家具的量體感。利用一座暖黃色餐櫃將鄉村的恬適帶入家中，由於是空間中的唯一焦點，花邊櫃底跟滾邊線板這類美式造型元素可以稍微凸顯。

Plan
4

奶茶色系，籐籃、吊燈、掛畫

主臥室幾乎運用家飾品來妝點風格，牆上的掛畫跟地上的籐籃分別帶入美式風格的優雅及自然，同時利用北歐風格的吊燈散發輕巧簡約的氣息。由於走道寬度無法放入一般尺寸的床邊櫃，於是在床頭牆設計腰板跟檯面，滿足置物需求也提升風格質感。

收納這樣做

隱收納，看不見仍要條理分類

木質風著重視覺的單純，空間外露的物品越少越好，因此物品多靠櫃子來收納，出現的雜物便可相對減少。木質風的收納強調「隱藏」，因此要選擇大部分有門片的櫃子，減少開放櫃的比例，即使開放也要整齊陳列，盡可能讓所有的物品收於無形。

不論外露或是隱藏，均強調視覺的整齊乾淨，木質風的空間更必須經常性地執行「捨棄＋分類＋歸位」收納原則，依物品的使用頻率、物件歸屬空間，來進行條理的分類與擺放設定，如此一來，家中的收納自成邏輯與系統，不會收起來就忘記放哪，千萬要避免物品全部塞進櫃子裡的習慣，造成最後眼不見為淨的收納災難。

相較於北歐、輕美式，強調「隱收納」的木質風櫃體比例較高，這代表櫃設計的思考與規畫得更仔細，才能兼顧數量與開闊的空間感。建議採1/3開放、2/3隱藏的比例適度露與藏，視覺較舒適也增加使用彈性；若是使用全門片的收納櫃，無把手設計可以淡化櫃子的巨大感，宛如變身成牆壁，等於櫃子本身也「被收納」了。

1

2

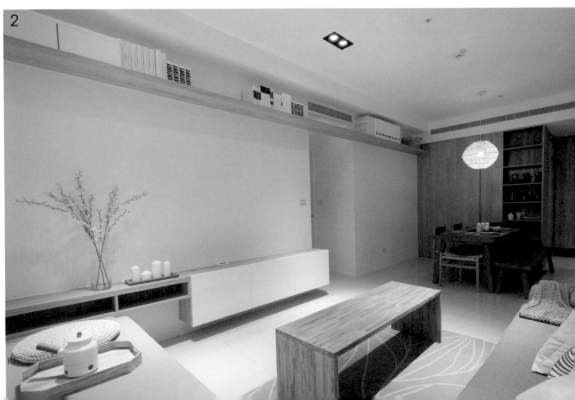

2

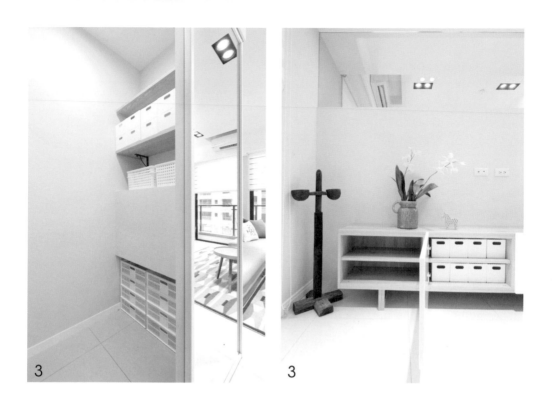

3

3

Plan 1	**開放書架——整齊書本＋植栽擺件**

若要讓木質風的櫃子外露，最好的收納物品絕對會是書本，書本本身已具有規律性，排列下來有一定程度的整齊，微有參差也是一種美，書架上可穿插飾品如小盆栽、相框等擺件增添生活感。

Plan 2	**半開放文件架——善用系統文件盒**

開放式櫃體可善用文件盒、資料盒收納雜物，減少開放櫃的雜亂，讓視覺更整齊。在文件盒的選用上，色系與尺寸要統一，以呈現數量之美。

Plan 3	**儲藏室、櫃內收納——分類塑膠收納盒**

儲藏室、櫃體內部可善用收納產品協助分類，落實各區物品歸位，櫃內的收納配件外露機會較少，以塑膠置物籃、盒為主，量體的設計方正且不佔位，更能有效利用空間。

4

4

5

5

Plan 4   **櫃設計──1/3開放、2/3隱藏分割比例**

大型櫃體要掌握外露和隱藏的比例，1/3開放、2/3隱藏是最實用的比例，可創造多元彈性的使用模式，也兼顧收納量跟視覺美感的平衡，換句話說，讓櫃子可以呼吸。

Plan 5   **櫃門片設計──牆體感的無把手門片**

全都藏的櫃子以臥室的衣櫃為主，使用無把手門片可以讓櫃子看起來像壁面，設計以門縫分割的線條為主，不做多餘裝飾性的線條，最常使用淺木色或是白色板材，用最簡單的素材降低櫃子的存在感。

家具家飾這樣配

大地色＋簡約造型＋天然材質，絕對和諧！

木質風如果有太多種木頭的顏色，容易因為紛亂而失去純淨，通常牆壁跟地板會使用顏色相近的木材質，然而空間越大，可用的木頭顏色越重，反之，小空間的木色絕對要輕、要淺。家具家飾的色系以大地色為主，如秋香色、奶茶色、淺灰色、原麻色、白色，都可以協調出舒適無壓的空間。

木質風的特色是「和諧」，整個空間沒有單一主角，因此家具家飾適合素雅的棉布、麻布織品，不需要刻意製造焦點，每樣物件恰如其分地扮演好配角。

若有預算可選擇原木家具，實木餐桌是首選，選色避免偏紅或偏黃，一般來說花梨木偏紅、柚木偏黃，這類的色澤較難融入空間。常見的造型元素有簡潔線條、水平線性、有機弧形，避免太突兀的形狀，也減少玻璃鐵件，太過光亮、冰冷的素材無法製造風格所需的溫度。

家飾更加強調色彩的協調，以相近色為主，避免突出色彩，搭配自然元素能凸顯風格的療癒性，例如自然圖騰、天然素材，竹籐編製的物件、綠色植栽甚至水果食材都很合宜。耐看的要訣在「剛柔並濟」：色彩暖但質地硬，可用白色調和木質調的沉重；或是用布料柔軟木材質的硬度。

1

1

2

沙發＋單椅——軟墊Ｘ自然原木

造型極簡是最高原則，簡練的形體結構搭配舒適柔軟的布坐墊、靠墊，適度柔軟木頭的生硬，除了木頭扶手、椅腳結合布墊的款式，造型素雅的布沙發也很常使用。也可以放藤製或木製的單椅跟搖椅，木椅的造型以通透性為主，太過厚實的款式可能造成沉重感；藤質家具則可增加休閒感。

餐桌餐椅——木桌厚實＋餐椅輕巧

預算充足的前提下，絕對值得一張實木餐桌，選擇厚實感的款式並且避免偏黃跟偏紅的木頭，可以增加餐桌在不同風格的適用性；至於餐椅則少用整張都是布墊或皮革的款式，多用木頭跟藤質，輕巧餐椅可適度平衡木頭餐桌的厚實量體。

活動家具——未經加工的原木椅凳、桌几

可多用原木造型家具增加原始感，這類家具少加工、質地溫醇、具有鮮明的木頭紋理，可用作穿鞋椅、床邊几或是當矮桌茶几，適切的點綴，讓居家回歸到森林的清新狀態。

1

2

1

2

家飾

Plan 1 生活器皿——白瓷原木，純淨溫和

多為無色彩的器皿，白色、原木色都能表達純淨，材質以陶瓷為主，白瓷結合木柄的設計最常見，淺色木托盤以及原木蓋的玻璃密封罐都能讓生活器具更加溫和。

Plan **2**　　**燈具——簡單造型，木、玻璃、籐為主材料**

布類、白玻璃、木頭、籐編都是適用於木質風的燈具材質，造型以簡單為原則。

Plan **3**　**畫作──靜物、色塊、書法字畫**

畫作以抽象跟靜物為主，強調內斂氣質，色系不能太強烈，畫的留白部分較多，也多以色塊表現，通常可配細木質的邊框，無框畫也適合，另外書法字也是很好的裝飾。

混搭北歐家具家飾，讓風格更年輕

木質風格裡混搭北歐風格的家飾，如吊燈、地毯，可以讓整體風格年輕化，跳脫太過沈穩的風格印象。

3

廚房、浴室這樣想

白色系 x 地壁同色磚，隱造型強質感

廚房以使用機能為主，通常不會太過強調風格造型，木質風的廚房門片多使用白色
烤漆，不一定要連廚具也貼木紋，但絕對要落實無把手設計，僅利用門縫的線條呈
現簡單俐落。流理台的牆面多貼附烤漆玻璃或素面磚。

衛浴空間一樣的原則：空間大顏色重、空間小顏色輕，有條件的衛浴空間，浴櫃可以
使用深色木材質、地板磚的顏色也可較深；小空間則多用白色烤漆門板。一般地壁多
使用大塊石英磚，以減少分割線讓視覺更簡潔，鏡面多使用大面鏡或鏡櫃，若有乾
濕分離，在乾區放木質矮櫃，可收放備品，也是風格配件。

Plan 1 廚房——

白色烤漆面板最百搭

即使是木質風，白色廚房仍然是第
一選擇，著重大面積呈現並減少線
條分割，面板烤漆可選擇霧面跟亮
面，霧面低調素雅，具有樸實感，
亮面可打造乾淨明亮、簡潔感。

Plan 2 衛浴——

地壁用同塊磚，延展效果好

牆壁跟地板使用同一塊磚，僅透過直橫貼的方式
創造變化，可以讓空間看起來更素雅又不呆板，
尤其用在較小坪數的衛浴，可創造延展放大效
果。另外，使用大塊石英磚的好處是能夠減少繁
複的線條。

減三房！工作室、居家一扇門瞬間切換

栓木洗白＋米色文化石，羽量級的淺木空間

屋主從事出版業，需要待在家工作的時間很多，既是居家同時也是辦公室，客戶或同事到家裡開會的頻率相當高，25坪的房子，可以使用的空間很足夠，加上是一個人居住，可以重新思考各空間的配置，相較於一般住家，甚至可以採用「減隔間」的方法，釋放並創造更有效的空間運用。

首先，將原本的三房雙衛浴變更用途，僅保留一間做為臥室，其餘雙房改為更衣室、開放式工作區。一間衛浴則做為儲藏室，如此一來，不僅讓公共空間更加寬敞，也為這個家配置出強大的使用機能。有別於一般木質風的明顯原木色、木紋質地，在這裡則是以白色木空間為主題，透過洗白木紋、霧鄉牆色與米白文化石，打破對於木質風居家的既定印象。

簡單的住家結合工作環境，對擁有龐大閱讀量跟工作量的屋主來說，能夠成為一個可以喘息和情緒切換的良好空間，其中關鍵在於視覺的平和，降低不必要的思慮，此外，屋主是無印良品愛用者，不只喜歡簡約設計，生活也力行簡單主義，因此，自然樸實木質風當然就成為首選。

類型__大樓
成員__1人
坪數__25坪
格局__起居室、會議區、工作區、廚房、主臥、主衛、更衣室、儲藏室、後陽台
建材__栓木洗白木皮、文化石、超耐磨地板、系統家具

簡化餐廚，強化最常使用的工作區

因為屋主的媽媽就住在樓下，屋主在家用餐的機率很小，平時也不太開
伙，看電視的需求也不大，所以把餐廳的位置改成起居客廳，廚房的配
置也跟著簡化，維持一字型廚房的簡易規畫，加設吧台做為輕食區，也
悄悄劃分客廳跟廚房的關係，此外，空間裡簡約設計是主軸，以柔和的
霧鄉色當空間的基礎色，使用文化石牆在木質風格中小面積地出現，增
加自然的手感。

before

after

全室風格規畫重點

收納__開放式書櫃＋儲藏室

家具__布質家具＋實木桌

色彩__淺木色＋米黃色文化石 V.S. 灰藍色櫃體

廚房__格柵天花＋木質風門片

浴室__擴大空間＋乾濕分離

1 將栓木木皮染白，刻意降低木的色澤製造輕透感。
2 完整的面寬連結三個空間，將起居室、走道、會議區融合在一起。
3 書架、大木桌、工作區，橫向機能規畫出一個完整的工作動線。

靠近窗邊採光最好的地方，通常是留給客廳空間，對於需要在家長時間工作的屋主來說，將日光充裕的位置整體規畫成辦公區域，是最適當的配置。在既是住家又是工作室的住宅裡，以一張大木頭桌子當作會議桌，當朋友拜訪時也可以當餐桌使用。

1

2

1 會議桌用一張實木餐桌替代，原木色讓空間有重心。
2 利用矮牆遮掩工作桌的線路，也達到空間區隔的目的。
3 工作區運用灰藍色跟白色營造理性效率的工作環境。
4 順應房屋樑柱結構在窗邊規畫矮櫃，延伸出桌面的使用。

一片拉門，分隔工作與私生活

既是會議桌同時也是餐桌，大木桌的存在就像是家的靈魂物件，成為開放空間的焦點，也有著多元運用的可能性。

會議桌一旁的半開放式工作區，原本是一個小房間，如今打掉隔間牆，成為屋主正式辦公的區塊，從入口、起居室一路延伸過來，成為完整的工作空間。辦公區依照使用習慣，擺放兩張工作桌，為了不讓凌亂的電腦線路外露，設計一道ㄇ字型矮牆圍住工作桌面，也幫助工作時的專注跟安定。機能方面，面向大木桌的矮牆面貼覆白膜玻璃，兼具會議時的白板用途。

工作區的後方，透過一片拉門的開闔，將私人與工作生活清楚畫分，主臥室與更衣室讓一人宅居的在空間使用上相當寬裕，簡單的主臥以深藍色壁紙為主牆，白木色與日光共存，因應窗邊上方的橫樑，特別規畫收納矮櫃與小桌檯區，讓隨興的閱讀也在此進行。這些都是因應屋主的理性性格，以及舒壓的需求，將繁雜的空間與各項元素一減再減，而形成的放鬆感居家。◆

storage

收納計畫

1

牆面收納同材質，保留寬度、整體性

公共空間的收納用一座大型的書櫃跟門片式收納櫃組合而成，開放式的書櫃方便拿取也兼具展示功能，搭配門片式收納可隱藏不好收的物品，電視牆也使用同樣的淺木色材質維持牆面的連貫性，完整面寬可以拉大空間視覺，避免變換材質造成牆面的分割。

2

客用衛浴變身儲藏室

客廳後方原本是客用衛浴，考量使用率不高，改成儲藏室可收放大型家用物品，維持整體空間的簡潔，但管線依舊保留，維持未來變更的彈性。主臥房門以及儲藏室的隱藏門均使用同一片木材質，讓牆面視覺具有一致性。

稀釋白色水泥漆，保留文化石原色

在木質風格裡使用文化石的訣竅是顏色，不能全白，一定要帶米黃，以配合霧鄉色牆壁跟木材質。一般文化石的磚色偏黃，常見的做法是上漆後刷白成白色文化石，但在這裡沒有特別調色，維持原來空間的主色調，僅讓材質出現變化即可，因此選擇刷上非常稀的白色水泥漆，將原始黃色磚的彩度變低。

material

建材色彩計畫

Plan
1

格柵天花，用直線增加設計感

簡單素淨的天頂設計，特別在廚房天花板加入格柵造型，用高低差來區分使用屬性，格柵具有穿透感，下降高度仍不覺得壓迫；小區域的變化可以增加設計感，同樣材質維持了整體性，俐落的線條也降低視覺複雜度。

Plan
2

更換廚具門片，統一木質調

把建商附的廚具門片全部換成淺木色的美耐板，維持整體空間的木質調性；原本的石英磚色澤與大地色相近，不跟空間衝突的物件盡可能保留，將預算花在必要的地方。並新增吧台當作簡易用餐區，也可以延伸為料理檯面。

Plan
1

一體感！地面高低差取代門檻

為了替淋浴區創造出口，將馬桶跟洗臉台左移，同時因埋設管路而墊高地板，乾區地面自然高於濕區，利用高低差取代乾濕區的門檻，防止流水也美觀。窗戶原有鋁框感覺冰冷，利用天花板的檜木廢料替窗戶加設窗框，搭配百葉簾呈現一致的療癒木質風。

Plan
2

濕區規畫在一塊，使用更便利

使用動線合理是衛浴好用的基本原則，浴缸跟淋浴區規畫在一塊，淋浴到泡澡在同一空間即可解決，將濕區集中，可避免移動時踩濕地板。在濕區置入蒸氣設備跟檜木天花板，利用蒸氣釋放檜木香氣，讓沐浴享受更加倍。

大人味！
在木色中享用暮色人生

減家具、隱設計，門片全都藏之於無形

我常告訴裝修新成屋的客戶，室內設計的意義在於如何替房子「粉飾」缺點，不用像老屋一樣「整形」，更不需重複替房子「上妝」，太多的綴飾就像濃妝豔抹的女孩子，不耐看。

現在新屋的格局都算方正，傳統三房兩廳的房子，格局有一定的對應基準，不需大幅度調動，要請設計師出力之處，會是在找出房子的缺陷，並且透過設計去模糊跟轉化它，讓房子住得更舒適。

這間是設計給三代同堂居住的居家，三房兩廳的格局、含公設將近40坪的房子，是穩重卻不老氣的木質風格示範宅。

之所以將房子風格定調為沈穩木質風，在於坪數、財力、格局需求對應到年齡層的設想。三房兩廳的需求，可能是兩個孩子大了、需要各自房間而產生的換屋族，或者因應有小孩且與長輩同住的三代同堂；而這兩階段的人們，依據年紀與社會歷練，對返家後的沈澱與沈靜的渴望會高一些，也是普遍喜愛木頭溫潤觸感跟視感的族群。

類型＿＿新大樓
坪數＿＿32坪（實際面積）
格局＿＿客廳、餐廳、廚房、主臥、小孩房、主衛、客浴
建材＿＿天然柉木木皮、人造石、鐵件、超耐磨地板、系統櫃

隱設計，消除一牆三房門

從一進門開始，開放空間一目瞭然，卻又十分簡練，不仔細觀察不會發現其實有三間房間比鄰，房門開口全都面向客餐廳這一側。在未經過調整之前，一進入屋內便會直接看到醜醜的房門跟三道不對等的牆壁，最初的優點因為房門的存在而消失，為了挽救情勢，我利用「隱設計」把房門藏起來。

將電視牆旁邊的主臥室入口換成暗門，門片跟牆面統一使用栓木，並且從電視牆開始壓上垂直分割線，用意是模糊門縫的存在；至於靠近餐廳的小孩房，則跟一座大書櫃整併在一起，利用滑推門隱藏小孩房入口，並特意安置在兩座開放櫃的中間，偽裝成有門片的收納櫃，讓房門跟牆面還有櫃子合而為一。

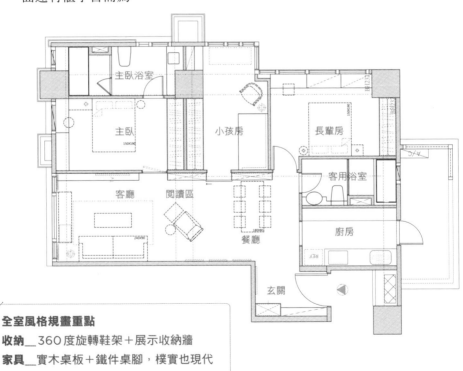

全室風格規畫重點

收納__ 360度旋轉鞋架＋展示收納牆
家具__ 實木桌板＋鐵件桌腳，樸實也現代
色彩__ 深木色＋霧鄉色，原木也要明亮
家飾__ 布料＋原木，表現自然
臥室__ 善用畸零地，與柱子共生

長型的公共空間，因為有完整的牆面跟收納櫃串連，空間的延續性更好了，收納櫃創造的完整立面，讓餐廳有了立足之處，而座落在客廳與餐廳之間的過渡空間，放置一張單椅與立燈創造一個閱讀角落，因為開放式書櫃完整了此處的機能，賦予這個留白之地書卷氣息。

1 長型玄關深度較淺，用不同高度跟深淺的櫃體製造錯落也降低壓迫。
2 餐桌與沙發這類的大型家具安排在房子兩端，保持空間的深邃感。
3 將房門藏匿在牆面跟書櫃裡，讓開放式空間更完整。

柔化樑柱，加深沉穩木色

這個家的樑柱較多，特別是在客廳上方的大橫樑，但只需在樑側做斜角包覆，就可以將感到壓迫的直角，轉化成柔和的45度角，用最簡單的線條削弱樑的量體，也讓空間曲線更加流暢。

至於座落於三個房間內的大柱子，往往是碎化空間的狠角色，產生許多畸零處，我的作法是順應它，沿著柱子兩側的凹陷空間規畫櫃子或檯面，主臥室跟主臥衛浴因此爭取到桌面與更深更大的置物平台，小孩房也利用深度藏匿大衣櫃跟上下櫃，長輩房則是從兩側延展出衣櫃跟桌板矮櫃，發揮空間利用的最大值。

依著年齡層的喜好設定，我們將木質風加深了顏色，房子的坪數夠大，毋需擔心顏色太重會引起壓迫，跳脫年輕人喜愛的清新木質，整間房子的木材質統一使用栓木染深，先染黑再洗白，用意是去掉木頭過多的黃又能維持木頭的咖啡色澤；牆面搭配霧鄉色，與木材質的立面架構出溫暖清亮的空間基底。我讓家中的第二大量體——餐桌椅，成為穩定空間氛圍的角色，深色的胡桃木餐椅與鐵件實木訂製餐桌，加深了家的沈穩性格，籐製單椅也具有畫龍點睛的作用。◆

1 分隔客、餐廳的大橫樑，包覆成45度斜角，讓天花板的壓迫感變小。
2 牆面和房門門片使用同款木色，推開門時才知道別有洞天。
3 順應窗上方橫樑，下方規畫櫃體和桌板，桌板前方縮減預留捲簾落下的空間。

Plan
1

360度旋轉鞋架，小玄關收納量倍增

不到一坪的玄關，不打算規畫整排高櫃壓縮空間感，只在一座深櫃內使用360度旋轉鞋架，替鞋櫃新增1.5倍的收納量。靠近門口的地方則使用半截淺櫃，在上半部留白也多了置物平台，顧及空間開闊跟收納。

窗下空間，彈性收納

長輩房的衣櫃寬度不足，這時可善用窗下空間，規畫一整面的矮櫃還多了平台置物，同時結合書桌機能，用抽屜、開放與門片的收納設計，滿足書櫃、衣物跟雜物收納機能，高彈性的配置因應不同的使用族群。

decoration
修飾計畫

Plan
1

隱設計藏匿門片，牆面更完整

本來是被房門斷開的兩道牆面，各別規畫一座開放式櫃子，再設計一道滑推門遮擋中間的房門，同時串連了兩座櫃子、製造出一座完整的櫃牆，順勢成為餐廳端景。為了削減大面櫃子的巨大感，特意在櫃子側面使用白牆，製造鑲嵌效果。

Plan
2

茶鏡拉門，浴室隱藏師

浴室跟廚房位在空間的端點，不希望坐在客廳或餐桌時視覺焦點在門框上，特意在浴室外加設了一道鏡面滑推門，頂天的滑推門拉高空間高度，鐵框跟廚房門框彼此呼應，也利用茶鏡的反射，加深了空間的深邃感。

家具家飾計畫

米白色沙發，淡化深色與木色

配合顏色略深的木空間，牆面不妨使用柔和的霧鄉色調和木材質的黃，
至於家的最大型量體——沙發，選擇能和大地色和諧共處又不會淪為背
景的米白色，提高家的清亮感受。深長型空間最擔心被塊狀分割，因此
在客廳跟餐廳之間的過渡地帶，放入一張藤製單椅跟立燈，對應另一側
的書櫃，創造出一個舒心角落。

Ch4
設計師、達人愛用！
建材、家具家飾、照明這樣選就足夠

地板材
超耐磨地板＋海島型木地板

「超耐磨木地板」是我最推薦的地板材，其木紋理真實有質感，同時耐刮磨好清潔，節省成本且施工快，十分適合怕麻煩的家庭。

至於「海島型木地板」，比較適用於希望質感升級，同時也會小心保養維護居家的屋主，由於表層為實木，容易在拉拖家具時刮傷，可選擇300條（3mm）的厚度，若刮傷還可以做表面處理。

鋪設時，超耐磨地板只要地板平整度良好就可直接鋪上。注意靠牆處預留9mm的伸縮縫，保持熱脹冷縮的彈性，收邊可以使用矽立康或是踢腳板。海島型木地板跟牆壁的銜接可以很密合，但因為本身材料已經具有厚度，必須先拆除舊地板才能鋪設，否則門會打不開。

注意事項

1. **鋪設方向性** 鋪木地板時，遇到長廊要注意方向性，順著走廊的方向鋪設可以拉長空間的縱深。

2. **木色選擇** 避免過紅、過黃的木色，除了不易搭配家具家飾，也會讓空間變得暗沉。原則上，越小坪數使用的地板顏色越淺，在坪數大、採光好的條件下，才適合使用深色木地板。

3. **遠離水氣** 超耐磨木地板不能泡水超過2小時，也容易因潮濕而變形。倘若出現隆起的情況，可請廠商處理排氣。海島型木地板不建議用在廚房，表面常有水漬的話會變色。

4. **勿壓重物** 超耐磨地板上方最好不要壓重物，會影響伸縮。

木地板可以讓家變得有溫度，而超耐磨與海島型這兩種是相對穩定且好用的木地板建材。

/ Point 1 / 超耐磨木地板

1 皇家橡木

品　　牌__MEISTER/LD300系列
尺寸厚度__2052X208X9mm
價 格 帶__6,000 ～ 6,500元（連工帶料，收邊另計）
說　　明__木紋率性自然，有鮮明木節跟煙燻過的色差，導角設計如同實木拼接地板，是美式風格常用的地板建材。

2 地中海橡木

品　　牌__MEISTER/75系列
尺寸厚度__1288X198X8mm
價 格 帶__5,000 ～ 5,500元（連工帶料，收邊另計）
說　　明__材質顏色偏白，可以提升整體空間亮度，適合北歐風跟小空間。

3 蒂芬妮橡木

品　　牌__MEISTER LD200系列
尺寸厚度__1287X198X8mm
價 格 帶__5,000 ～ 5,500元（連工帶料，收邊另計）
說　　明__適合用在木質風，中性色調具有溫和感，也能製造沈穩效果。

/ Point 2 / 海島型木地板

1 緬柚導管白
（環保透氣漆）

品　　牌__YUSUN
尺寸厚度__300條
價 格 帶__9,000元一坪
說　　明__霧面質感佳，顏色稍淺的柚木色澤，不會太黑或太黃較好搭配，染暗再填白縫的染色處理，使紋路更立體。

壁面材
色漆＋壁紙＋文化石

我常用的壁面材是水泥漆、壁紙、文化石互相搭配變化。原則是：「低彩度的色漆打底＋文化石與壁紙共存，只就紋理做變化」，以水泥漆單純的顏色當空間打底最合適，再搭配文化石和壁紙點綴，空間就很豐富。

空間壁面的顏色決定一個家的整體色系，喜歡冷色系可以用淺灰色、灰綠色這些若有似無的顏色；暖色系的空間訴求感性，帶有淡淡奶茶色的霧鄉色能夠散發溫度，避免用濃郁色，才能舒適也待得住；辦公室也很適合用一點理性的灰藍色。

基本上，房子的主要背景如天花板與壁面使用水泥漆，百分之八十的空間都用水泥漆當基本素材來鋪陳，除了避免鮮豔色彩，也不建議使用白色，而是用低彩度醞釀空間質感，跟白色的天花板相搭也更能凸顯出層次。

選色注意事項

1 **水泥漆** 天花板使用純白色，搭配暖白或是黃光才會夠明亮，若暖色燈光使用百合白等非純白的顏色，整體色調會偏黃。床頭背牆用深色能幫助睡眠，另外深色電視牆可以包容電視量體，減低突兀感。

2 **壁紙** 避免太誇張的圖樣和塑膠壁紙，以免影響空間質地。

3 **文化石** 常見有灰、白、米色，其中紅色風格性強烈，多用在工業風或鄉村風。另外，不論米黃或者白色文化石，都會刷上一層薄薄水泥漆，將彩度降低，讓色澤比較柔和。

三種壁面材比一比	壁面材	優點	特色	建議使用區域
	水泥漆	色彩選擇最多，最易維修，成本相對低	環保無毒，大範圍使用也安心。可隨時為空間換色、換心情	大面積為空間打底，是天花板的不二選
	壁紙	中性素色之中帶有一點紋理，簡約和質感的融合力最高	有紋理細節，布紋感、石材感、皮革感、絲綢質感	床頭背牆、客廳電視牆、兒童房
	文化石	耐髒，有質感也充滿生活溫度	凹凸立體紋理像是石材的切面，可藉由交丁的不工整貼法，製造手感和個性	局部點綴，例如公共空間的照片牆，搭配黑色相框；廚房的鍋具壁掛牆，防刮耐髒

/ Point 1 / 色漆

1 霧鄉色

廠商色號__久大 / 霧鄉標準色
說　明__偏奶茶色，適合美式與木質風，安全係數最高。

2 灰綠色

廠商色號__ICI得利 /90YY 40/058
說　明__適合中性的美式風格。

3 淺灰色

廠商色號__青葉 /5521
說　明__北歐風格的低彩度，也適合不喜歡牆面顏色太明顯的人。

4 淺蘋果綠

廠商色號__ICI得利 / 70GY 83/060
說　明__適合無印木質風，創造清爽明亮的空間感。

/ Point 2 / 壁紙

1 棉麻布紋

品牌型號__ GLORY/GR7F37
價 格 帶__ 2,000元以上／坪 (連工帶料)

2 絲紋

品牌型號__ GLORY/GRL115
價 格 帶__ 2,000元以上／坪 (連工帶料)

3 石紋

品牌型號__ GLORY/GRQ019
價 格 帶__ 2,000元以上／坪 (連工帶料)

4 皺摺緞紋

品牌型號__ GLORY/GRI121
價 格 帶__ 2,000元以上／坪 (連工帶料)

/ Point 3 / 文化石

1 米色文化石

品牌型號__ CraftStone®/CSI-094
價 格 帶__ 2000~3000元 / 坪 (連工帶料)
說　明__米色用在美式跟北歐風格，色調乾淨簡約好搭配。

2 紅色文化石

品牌型號__ CraftStone®/CSI-094
價 格 帶__ 2000~3000元 / 坪 (連工帶料)
說　明__用於工業風或鮮豔活潑的北歐風，此建材適合當主角。

系統櫃
櫃身&門片&面板

早期許多人不喜歡系統櫃，是因為當時面材比較呆板，仿木皮效果也不太好，隨著技術更新，系統板材厚度跟品質趨於穩定，紋樣越來越真實、選擇性也變多，而且不需上漆，少了甲醛污染，再來施工時間大幅縮減，讓系統櫃漸漸受到歡迎。就作業時間來說，大量用木作做櫃子的新成屋最少需要兩個月的工期，但使用系統櫃的話，全室裝修只要五週。因此我習慣櫃體建材幾乎以系統櫃處理，只有局部櫃子門片、電視牆面、房間門片、拉門、壁板會需要用到木作。

板材的紋樣使用木紋板材為主，風格百搭，再藉由顏色深淺適應風格跟空間大小，通常公共空間會使用深色展現氣勢，臥室的顏色跟木質都會再淺一點。只要留意比例跟配件細節，就能發揮系統櫃「簡單不單調」的特質，還可以做出設計風格。

系統櫃質感關鍵細節

1. **踢腳板** 一般櫃體的踢腳板是8～10公分，木質風可以將門片做長一點，讓門片下蓋、只留下5公分踢腳，再用色漆上色隱藏，甚至直接不做踢腳板，跟地板齊底，會有拉長空間的效果。

2. **把手** 隱藏把手能使櫃體看起來像一個完整的面，導斜把手使比例更好，增加細緻度跟和諧感。北歐風格最常用設計感強烈或者可愛造型的把手，而復古黑色鍛鐵把手一裝上去就充滿濃濃美式風格。

使用北美原橡的木質風櫃體，採用隱藏踢腳作法，櫃體的踢腳跟地板踢腳高度一致，整體更和諧。

／ Point 1 ／系統櫃板材

1
淺灰清水模

品　　牌＿＿Egger
等　　級＿＿F4 星
說　　明＿＿此板的顏色好搭，適用的空間範圍很大，通常用於單牆點綴用，可以在木質風裡中和過多的木頭肌理。

2
冰島白橡

品　　牌＿＿Art Decor
等　　級＿＿E1 V313
說　　明＿＿色澤偏淺，隱約的木紋適合木質風的小孩房。

3
自然灰橡木

品　　牌＿＿Egger
等　　級＿＿F4 星
說　　明＿＿最常用在北歐風跟美式風，灰綠色的色調跟淺藍很好搭，房間如果使用這片當櫃身，就會搭配白色門片來達到平衡。

4
北美原橡

品　　牌＿＿Art Decor
等　　級＿＿E1 V313
說　　明＿＿木質溫度稍微重一點，通常用在大坪數以及公共空間，色澤溫和可以跟周邊書桌或系統櫃融為一體。

廚具
人造石檯面＋鋼烤、烤漆面板

面板與檯面的材質是需要考慮的兩大要點，除非把廚房當作家的視覺中心，否則單純的廚房設計最為實用。建議著重在機能性的配置，以系統櫃概念規畫，再利用門片和把手變化風格。

檯面會接觸食物、使用率最高，因此耐用度跟好清理是主要考量，目前市佔率跟大眾化的選擇是人造石，預算高一點可以考慮賽麗石跟石英石。

人造石有分霧面跟亮面兩種，亮面好維護，霧面比較像天然石材。廚具通常是白色的，所以搭配黑或白的檯面都可以，若怕檯面易髒，可選黑色檯面；白色則可以弱化整套廚具的存在感。

廚房其他建材這樣選

1 **五金**　五金也是實用的關鍵，開闔必須流暢與靜音，不會搖晃的抽屜軌道很重要，Blum是普遍用的品牌。

2 **地板材**　開放式廚房可以使用超耐磨地板，對於防滑防水沒有太大問題（但不能泡水），也能延續客餐廳地板材質，融入整體空間。

3 **壁面材**　爐灶區和水區的壁材，北歐風跟木質風適合貼烤漆玻璃，美式風格用素色手工磚，廚房馬上融入整體居家風格。

開放式廚房可以延續超耐磨木地板，結晶鋼拷的白色門片與空間相容性最高。

╱ Point 1 ╱ 人造石

1
白色人造石

品牌型號__ Hanex/T-021 PURE ARCTIC
說　明__ 此款雖為白色但不單調，面材上很多結晶白點像石材，缺點是容易吃色。

2
黑色人造石

品牌型號__ Hanex / D -028 BLACKBEAT
說　明__ 結晶紋路像星空，若擔心白色檯面不好維護可以選擇此款，不拋光的作法會更像天然石材。

╱ Point 2 ╱ 石英石熔岩系列

1
灰色石英石

品牌型號__ GLORY Quartz Stone/ Q F9475
說　明__ 比人造石硬度更高、更耐磨。灰色系質地像水泥，有些為的立體凹凸面，比人造石更像石頭。

櫃體門片搭配推薦

1 **結晶鋼烤**　經濟實惠，適合各種空間，是常使用的門片。
2 **實木烤漆板**　質感好，顏色多元，最常使用灰跟原木色，適合融入各種空間，費用較高。

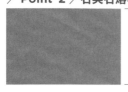

衛浴

霧面地磚、燒面板岩磚＋花磚、地鐵磚、手工磚

安全性和易維護是浴室重點，因此，一般選擇好清潔的地磚為主，倘若有小孩、老人，一定要選擇防滑效果高的材質。壁磚則可以有更多花樣變化的選擇。要注意，有些磚材只適合當壁磚。

至於色彩，以舒適為主，黑白灰色系以及灰藍、淺灰大地色系，有清淨之感，非常適合洗滌空間。若擔心太過樸素，可以選擇花磚，用同一塊磚去做大面積的拼貼，盡量別使用傳統腰帶磚，會把一個面切割成上跟下，讓小小的浴室視線變複雜。

地磚選擇注意事項

1. **霧面地磚** 止滑效果不錯也好整理，是普遍的好選擇，怕難維護的人，深色是最保險的選擇。
2. **燒面板岩磚** 家中有小孩老人，建議使用板岩材質的面磚，止滑效果最好，只是易髒，需要特別清洗維護。
3. **馬賽克磚** 雖然很有風格，但細縫太多容易卡水垢，不適合無法勤於維護的人。

浴室空間的用磚，除了止滑考量，也可以運用質地與花色做出搭配。

區域	貼磚範圍
水區	整面牆貼磚
乾區	只貼半高，高度到120cm
馬桶和檯面上方	盡可能留白不貼磚，上漆或貼明鏡，減低封閉感

防水美型貼磚法

防水工法小祕招

以水性PU防水膠做防水塗料，在牆面轉角跟地壁交接的地方，會特別覆蓋布織布，可預防龜裂並加強角落防水，在地震時，可保護防水層不易龜裂。

／ Point 1 ／地磚

1
燒面板岩磚

價 格 帶＿3,000～5,000元
說　　明＿止滑效果最佳，質地越粗越自然。

2
霧面木紋磚

價 格 帶＿3,000～5,000元
說　　明＿常用做地板材料，灰色系跟不同的壁磚都很好搭配。

3
花磚

價 格 帶＿5,000元左右
說　　明＿地壁磚兩用，此款花磚低彩度可降低刺激。浴室很小的話，用在地面，大浴室的話可在牆面上局部使用。

／ Point 2 ／壁磚

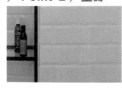

1
地鐵磚

價 格 帶＿2,000元左右
說　　明＿長方形有導角的設計讓磚面有立體感，是北歐、美式風格的愛用磚，只能當壁磚。

2
手工磚

價 格 帶＿5,000元左右
說　　明＿通常作為壁磚使用，具有濃烈的復古手感，散發溫度，常用米白、灰藍、奶茶色，適合美式跟木質風格。

照明器具

LED當道，讓家省電明亮有溫度

過去對照明的需求只有一個：「要夠亮」，如今還開始講求節能與舒適性，只是照明設計是一門要修好幾年的課，我們跳過艱澀的光學知識，拋開專有名詞跟數據，告訴大家如何用最簡單的方式決定照明方式與器具。

當自然光源不足，可以透過不同的照明方式和燈具配置來改善，讓空間更明亮，然而燈光也是改變空間印象的魔法，一盞燈就能變換室內氣氛，實現明亮又有質感的生活環境，在實用與質感兼具的需求中，可以先簡單了解居家燈光的幾種特質，以及不同空間的適合類型。

一般來說，照明種類有三種：基礎照明、重點照明、裝飾照明。

1 **基礎照明** 主要目的是為空間提供整體均勻的照明，減少黑暗，採取的照明方式可以有直接、半直接、間接與半間接。

2 **重點照明** 針對某些特地區域跟對象做重點投光，像是藝術品、畫作的投射燈或是工作照明的檯燈。

3 **裝飾性照明** 如燈帶、壁燈等，裝飾功能大於明亮需求，多半做為輔助照明。

由此可知，照明涉及了光的主要映照範圍、機能，其照明效果和燈具選擇息息相關，如一般家庭最常使用的吊燈，在材質上也會因為透光與不透光、屬於直接照明吊燈或半間接透明吸頂吊燈，而形成不同的亮度。

各式照明比一比

特點分析	直接照明	半直接照明	間接照明	半間接照明	全面漫射
照明圖示	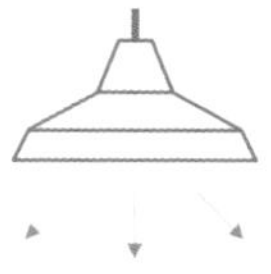			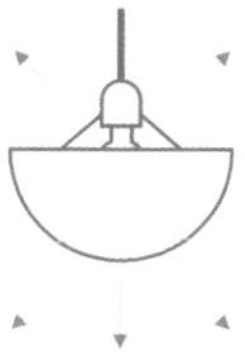	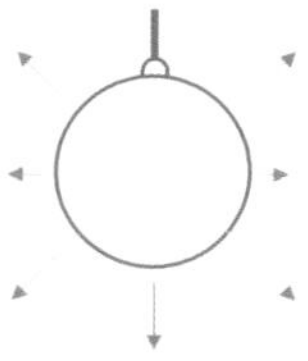
燈具類別	吊燈	吸頂燈	層板燈	吸頂吊燈、壁燈	吊燈、吸頂燈
光照範圍	光罩本身無透光，光源直接照射到工作面與空間中	光罩本身為半透明材質，主要光源集中在工作面上，部分光照由燈罩向上擴散	光罩本身不透光，直接向上打光，藉由天花板或牆面反射至工作面上	燈罩為半透明光材，主要向天花板或壁面打光，部分則由燈罩向下透光	光罩為半透明材質，光源從上下左右發散，幾乎可達到每個角落
照明優點	照度強	整體光線較均勻	不易形成陰影	調和間接光與直接光，光線柔和	產生的影子較少
照明缺點	反射光強，易產生刺眼、眩光	相較直接照明，照明效率較差	照明率最低	照明率較低	照明率較低

EXPERT'S DATA

周家逸(右)、**石鎧銘**(左)

背景__迪克力照明公司負責人，在照明產業 20 年資歷，提供 LED 照明應用、優質燈光及控制方案的供應商。

網址__ www.facebook.com/Acofusion/

電話__ 02-2857-7797

選燈泡，亮度、色溫要注意！

影響空間照明亮度的因素很多，燈泡數量、色溫、瓦數、流明、甚至家中牆面的顏色跟材質；以往燈泡一直是以瓦數當亮度指標，因為過去耗電功率（瓦數）與光通量（流明）成正比，同樣的燈泡，瓦數越高流明也越高，但隨照明技術進步，每瓦可產生的照度也一直提升。

舉例來說，同樣的亮度，過去要 100 瓦的白熾燈泡才能達到，螺旋燈泡只需 27 瓦可做到相同亮度，而最新的 LED 燈泡只需 15 瓦即可取代前面兩者。此外，對於光的顏色選擇要看色溫，從一般人習以為常的白光、黃光之外，也有介於中間近似日光的中色溫，可視空間屬性需求配置。

亮度守則 1　一顆燈泡對應一坪空間

首先燈泡數量要足夠，原則上一顆燈泡的亮度可以照到一坪，一般房間大約 4 ～ 6 顆燈泡。如果不希望家裡的燈泡數量太多，也可以搭配立燈、桌燈作為輔助照明器具。

各式色溫比一比	差異性	黃光	暖白	晝白光
	色溫	2700K ～ 3000K	4200K	5700K ～ 6000K
	特色	紅光成分較多，給人溫暖、舒適的感覺	介於黃光跟白光之間，接近自然光的顏色，清亮但不死白	有明亮的感覺，使人精力集中及不容易睡著
	適用環境	住家	住家、辦公室	大賣場

亮度守則 2　找到適合家的光之色

購買燈泡時，除了辨識「晝光色」、「黃光色」之外，色溫數值也是評估的標準之一，一般我們所說的黃光色溫範圍在2700K ～ 3000K，晝白光為5700K ～ 6000K，色溫越高，光色越白越偏藍，反之，越低則越黃越紅，目前還有一種4200K的自然光屬於中色溫，接近日光的顏色，相當適合各式空間。

亮度守則 3　買對燈泡很重要

迪克力照明公司負責人周家逸說，照明已經來到LED世代。過去為了方便，一直以瓦數當單位，但LED因各家廠商技術能力不同，無法以瓦數當作亮度標準，例如一個1,000流明的LED燈泡，有的廠商13瓦做到、有的要17瓦才達得到，所以聰明的消費者要花錢買亮度而非瓦數。

瓦數簡易對照表

運用處	省電螺旋燈泡	LED 燈泡
床頭燈	15瓦	10瓦
3米高天花板	23瓦	13瓦
6米高天花板	40瓦	25瓦

註：製造商技術不同，流明數與瓦數的對比也會不同

BOX　燈泡種類小知識

白熾燈泡 包括鎢絲燈泡及鹵素燈。透過通電將鎢絲加熱至白熾而發光，所以溫度愈高，發出的光愈多。

鹵 素 燈 鎢絲燈的進化型，燈泡外圍使用更耐熱的石英玻璃，灌進能帶走高溫的鹵素氣體以保持穩定。

螢光燈泡 是一般家庭最常見的光源，它包括省電燈泡、PL燈、T5、T8、T9螢光燈管（日光燈）

螺旋燈泡 坊間的「省電燈泡」，是將燈管摺成螺旋形螢光燈，省電是相對於白熾燈泡而言。

燈座尺寸	一般	LED
E27	省電螺旋燈泡	LED 燈泡
E14	鎢絲燈泡	LED 燈泡
E11	鹵素燈泡	LED 投射燈泡
T8	日光燈管	LED 燈管
T5	層板燈	LED 層板燈

（產品提供＿迪克力照明）

燈泡大換血！迎接 LED 時代

近年來 LED 照明產品節能省點的優點普遍被認可，跟省電燈泡相比，可省下約 50% 耗電量，此外，LED 燈泡照明的熱量幾乎是微乎其微，低輻射熱降低室內熱源；最重要的是，因為發光原理 LED 燈泡的壽命長，可減少更換成本。

LED 燈泡的壽命長，但也滿多消費者有不好的經驗，燈泡常點不到一年就壞了 ?! 問題出在「散熱」。LED 燈泡對於熱非常敏感，在不透氣或密閉的燈具容器內，缺乏空氣對流使得 LED 溫度上升，溫度一高容易引起光衰跟縮短使用壽命，因此燈具散熱對於 LED 非常重要。

LED 照明產品已經逐步替代傳統照明產品，過去市面上各種尺寸的常用燈泡，也都可替換為 LED，選擇燈泡時，首要確認的是燈座是否合適以及燈管型態，以下將一般燈泡類型列表整理，對照出可直接替換成 LED 燈的各式白熾、螢光燈泡、燈管，有意更換的屋主，可預先檢視對照家中各角落燈泡類型，方便一次處理。

 LED 嵌燈，泛光好？投射好！

居家嵌燈的選擇其實有兩種，一是泛光型、一是投射型，由於 LED 亮度較高，容易產生刺眼、眩光，若做為壁面打光，凸顯牆面材質建議使用投射型燈具。至於泛光型燈具，可減緩 LED 的高效光源，效果柔和。如果空間較小，使用吊燈或美術主燈會產生壓迫感，也可使用出光較廣的泛光型嵌燈，做主要照明。

左為泛光燈具，右為投射燈具，照度效果前者強調通亮，後者著重聚光。

從客廳到臥室，燈光使用法則

燈具的使用原則一樣不脫離「越簡單越好」的法則，天花板的燈具越少越好，燈具能夠簡單維護為佳。

客廳——

搭配立燈以減少天花板上方的燈具數量，同時也讓空間具有足夠的亮度。在照明與氛圍的拿捏上，還可使用聚光燈打牆，一來可以讓牆面色彩突出，二來不會直接看到裸露的燈泡。

餐廳——

使用的吊燈，會有一種凝聚情感的心理作用，高度可設定在離地165～170公分，符合我們坐在餐椅上的使用情境，能讓光源更貼近。

房間——

以主燈為主，減少裝修的匠氣，會讓空間更有生活感；臥室床旁的閱讀燈也可以吊燈取代檯燈，因為吊燈的線條能拉出空間高度，創造好的比例，離地130公分的光照範圍最恰當，輔助床頭閱讀的效果最好。

在色溫選擇上，居家使用3000K的黃光，可以讓整體環境更加溫馨舒適，搭配色系以淺大地色為主，像是米白色、霧鄉色。使用黃光時要注意，牆面與地板的顏色不能太深，否則會使整體空間太過暗沈；若使用特別的顏色如藍色，則建議使用4200K的暖白光，可以避免顏色失真，另外如果不喜歡太多燈具，天花板用自然光、桌燈、立燈搭配黃光的作法，可達到燈少又明亮的效果。

窗簾
風琴簾、垂直簾、紗簾，取代厚重布簾

窗戶是房屋之眼，也是連接內外的管道，有控制採光、隔熱保暖及賦予隱私的實用功能。設計得宜的窗戶是天上掉下來的禮物，沒領到這禮也別氣餒，善用窗簾就可修飾得當。

EXPERT'S DATA

蔡政剛

背　景__京樸傢飾公司負責人，從小在傳統窗簾製作工廠長大，
　　　　熱知窗簾知識，用自小養成的專業經營窗簾家飾公司。

電　話__02-2654-9933

要找到合適的窗簾，務必先了解窗戶跟房子的關係，包括窗戶的位置、大小、跟牆面的比例和距離、是否有西曬、與鄰戶的棟距，以及跟周邊家具的配置關係，由此考量窗簾的形式及功能性。原則上窗簾挑選是裝修的後期步驟，先把家具配置好，選定油漆、地板、地毯、家具等顏色，讓多樣性的窗簾配合大家，可以更為省力。

京樸家飾公司負責人蔡政剛提醒：窗戶左右牆面的深淺，以及窗戶上下的高度，都會影響窗簾選配，好比說落地窗戶旁有一面畸零牆，在規畫時可使用收摺的窗簾加大面寬，遮去尷尬畸零牆以製造完整牆面。至於半腰窗，也可讓對開布簾加長落地，提高空間的完整性；若是窗下有矮櫃或檯面，建議使用上下拉簾，不必擔心窗簾高度問題，也增加使用便利。

上下開？左右開！窗簾類型先決定

窗簾樣式非常多種，根據使用方式可分為「左右開」跟「上下開」兩種形式，「左右開」是常見的布、紗簾，「上下開」的窗簾有捲簾、風琴簾、百葉等。可先由使用方式做選擇，再決定窗簾的種類，下一步才是材質。

此外，每個人對窗簾的要求都不同，有人重視清潔保養的便利性，有人在意光線的控制度，有人則是講究美觀，不同的窗簾種類各有優勢跟弱勢，以及適合的環境跟窗戶類型，先從自己在意的需求下手，再依據空間條件和用途篩選，輕鬆找到稱心合意的好窗簾。

各空間窗簾需求大不同

空間用途跟使用成員會影響窗簾機能的選擇，尤其對明暗度的需求依人、場所各有不同。

客廳

是家人主要活動場所，著重在溫度、採光調節跟隱私機能，通常以傳統沙簾跟布簾做首要選擇，除了布料花色多樣可配合各種風格外，布簾的質料、觸感以及垂墜感能讓居家空間更加舒適溫暖；此外，造型俐落且好操控的調光捲簾也越來越受歡迎，只是須注意調光捲簾無法做到百分之百遮光，它是利用鏤空跟密織段的錯位來調光，仍有20%的透光率。

廚房、浴室、書房

重點需求在於好清潔、維護容易的捲簾；不怕濕的捲簾跟百葉適合用在浴室；而書房強調專注，以調光機能強、繁複性較低的風琴簾或捲簾為優先，木百葉簾跟木製書櫃的搭配也能加乘空間的風格感。

臥室

屬於休息空間，窗簾的遮光度能達百分之百最好，布簾、遮光捲簾與風琴簾都是遮光度極高的選擇，同時可滿足保護隱私。另外若是窗外風景雜亂，可以選擇多層次的窗簾，如：紗簾搭配布簾、捲簾加紗簾，達到遮蔽效果；風琴簾則可上下移動達到局部遮掩。

至於有西曬問題的房間，必須使用遮光率高的窗簾，雙層簾或是裡層加裝遮光布也可有效阻擋光線，而風琴簾的控溫效能有助於解決西曬，百葉簾跟調光捲簾則能抵擋大部分的光線同時保持透光，讓空間不會太昏暗。

調光捲簾

捲簾

種類	布簾	羅馬簾	捲簾	百葉簾	風琴簾	調光捲簾
特色	開式窗簾，長度常可遮蓋整片窗戶，遮光性強	上拉式窗簾，由一片布製成，透過拉繩跟環扣帶動，層層收摺	透過轉軸轉動的平面窗簾。有透光透景、透光不透景、全遮光三大類	可自由調整葉片角度來控制光源	蜂巢式結構，在內部形成一個中空空間，有效隔熱且遮光	也稱「斑馬簾」，上下開闔，透過透光與遮光材質的錯位，可隨意控制光源
優點	1.頂端車縫的摺邊，增添豐盈感 2.有效遮光且隔音	1.整片布製成，大面積布料可呈現各種圖樣	1.面料以聚合料為主，價格親切且好清理 2.不易沾染落塵，適用於潮濕環境	1.可依據窗型比例搭配不同葉片寬度 2.耐潮濕	1.無段式上下操作，自由調整分佈範圍及位置 2.保溫隔熱效果最好	1.面料關係不易沾塵、少有塵蟎 2.可調整陽光灑入室內的角度
缺點	維護時需拆洗，保養手續較複雜	1.車工複雜，費用較高 2.零配件多，需要常維修	1.較不適用大面積的窗戶 2.角窗須注意轉角漏光問題	葉片損壞率較高	價格高	無法百分之百遮光
質料	合成布料、緹花布、織棉布、印花布、棉麻、人造纖維等，種類繁多	可用布料範圍廣，通常以硬挺布料為主。	塑料、聚酯纖維等防水布料為主	鋁、木製、塑料、竹製	主要是聚酯纖維	主要是聚酯纖維
計價方式	以碼或尺計價	以才計價	以才計價	以才計價	以級數計價，用窗戶的尺寸長寬來決定級數	以才計價

(1才=30.3×30.3cm)

布簾

對開窗簾，「裡布」是遮光要角

窗簾最重要的功效就是「遮光」，對開窗簾利用布的厚度保持室內溫度以及隔熱，而遮光率靠的是窗簾的「裡布」，裡布有四種可以選，以遮光率來説，TC裡布20%、加厚裡布40%，全遮光布、多層次遮光布可以達到100%。至於每個空間的遮光度多少？這關係到每個人對光的敏感度，但一般來説，客廳60%遮光即可，適時地灑露光線對家的環境較好，有影音試聽需求才會做到100%遮光；書房若是獨立空間，40～50%的遮光剛好，可以讓空間明亮些；臥室講求睡眠品質，通常建議做到百分之百遮光，不過小孩房因人而異，有些家長希望跟臥室一樣創造舒適的睡眠空間，另一種是主張透光性好一點（遮光率70%），沒有光線會睡得太舒服、起不來。

風琴簾、捲簾、百葉簾，機能強大！

蔡政剛觀察近幾年的產業狀況，發現對開窗簾跟羅馬簾的需求明顯降低，可能原因之一是大家對空間風格跟生活型態的改變。對開窗簾的特色在精美的波浪弧度，以及收摺在兩側的浪漫垂墜，相較之下，風琴簾、捲簾、百葉簾等窗材，收摺後體積大幅縮小，不會佔據太多窗戶空間，可以引進的光線較多，清潔打掃更方便，空間感也較為俐落。

以他們公司來説，近年來調光簾跟風琴簾是多數客人的喜好產品，調光簾結合了百葉跟捲簾的優點，有百葉簾調光的機能，以及捲簾操作迅速且造型簡約的特性，重點是經濟實惠，價格落在150～400元一才；風琴簾特殊的構造設計，利用中空段延遲光熱進入室內，隔熱保溫遮光效果非常好，還有一項其他窗簾無法取代的功能──自由操控窗簾的停留位置，可以遮想要遮的地方。一般窗簾都是由上往下、或是左右垂直遮擋光線跟視野，風琴簾可以不受此限，露出想要看到的天空、遮住鄰戶或是位在窗戶不同高度的建設量體。

	製造國家	優點	缺點
風琴簾產地比較	美國製	零件配件持續進步，增加操控機能的流暢跟便利	1.現貨庫存的花色選擇性較少，約30-40種，特殊花色訂製要等25-40天，且費用很高 2.部分零件為環保材質，需定期更新
	台灣製	現貨庫存的色樣較多，價格親民，約比進口便宜3-4成	1.操作的流暢度較遜色

1 風琴簾具有可上下調整的優點，自由選擇要遮蔽及敞開的地方。
（圖片提供＿京樸家飾）
2 風琴簾的獨特蜂巢式中空設計，將熱氣滯留在中空段，達到隔熱
保溫的效果。（產品提供＿京樸家飾）

窗簾安裝該知道的事

一般來說窗簾安裝分為框內跟框外，像是布簾跟羅馬簾就是屬於框外安裝，這一類在寬度跟高度要絕對精準，才不會有漏光或是比例不均等問題。至於風琴簾、捲簾、調光捲簾、百葉簾這類具有伸縮收闔特質的窗簾，高度可彈性調整，只需特別注意寬度的準確，以及窗框由上而下的寬度尺寸是否有落差。基本上，框外窗簾要大於窗框5～10公分；框內窗簾則需要著重寬度的一致，丈量時建議上中下三點測量寬度確保數據一致，如果窗框不對稱，最好避開上下開的形式。

至於框內與框外的窗簾選擇要視現場環境而定，但若遇到大又厚的窗框，建議採用框內簾，若用布簾則會過度厚重也離窗戶太遠，容易產生熱堆積，基本上，窗簾只要離玻璃越近，隔熱與遮光效果越好。

達人提醒

1 安裝小撇步　盡可能把窗簾靠近天花板，視覺上可以拉長窗戶跟天花板。若是安裝窗簾桿，建議離窗框上緣約10公分或是更高，如此一來，即使些微不平整也不易察覺。

2 免漏光小撇步　若選用對開窗簾，寬度最好在窗戶左右兩側都多留10-15公分，若是半腰窗下擺也同樣增加長度到10-15公分。或是選用緊貼窗框的垂直簾（上下升降的方式），如羅馬簾、風琴簾、捲簾，縮減窗簾與窗戶的距離、阻止光線滲入。

窗簾使用框外作法，遮光效果較佳。

依照住家的窗戶形式，選擇合適的窗簾種類。
（圖片提供＿京樸家飾）

別自找麻煩！素色、大地色窗簾，

100％安全選配

窗簾是居家的配角，越單純越能融入空間，好的窗簾要具有遮光遮蔽隱私的功能，同時還要維持整體空間的和諧，彩度越低越好，素色跟大地色系是搭配安全係數最高的選擇。

客廳──風琴簾、布簾、紗簾
不需要全遮光，通常會使用有點透光度的薄布或紗簾，雙層布簾＋紗簾多半使用在落地窗，白天把布簾拉開、只用窗紗來遮擋隱私，透過紗簾進入室內的光線也會變得很柔和，西曬時拉上布簾就可以有效隔熱，風琴簾也很適合用於客廳，機能性高。

房間──風琴簾、捲簾、木百葉
房間最常使用遮光捲簾跟木百葉，若跟鄰戶棟距比較近，同時需要採光跟隱私，可以透過風琴簾來解決。有些人會希望在窗簾變化花樣，增加房間的精彩度，但房間的窗戶通常跟床組的距離很近，太多花樣反而會造成床組的搭配困難，一不小心就產生花色衝突或顯得凌亂，選擇素色可以讓後續家飾、寢具的採購選配容易許多。

白紗或帶灰色系紗簾，可以輕易融入各種風格的空間，紗簾不透明的特性可保護隱私也讓空間變溫柔。

沙發

北歐╳美式風格沙發，經典不敗

如果說家的重心是客廳，那麼沙發就是客廳的靈魂。一張對的沙發，造型、材料花色、骨架用料、結構設計、填充物都不能馬虎，此外，觸感、包覆性、坐墊設計也都十分重要。

（圖片提供＿Mr. Living居家先生）

想要為家裡營造一種風格，並且確保自己買到的是道地的風格沙發，建議大家可以先試著認識該風格的經典品牌家具，以及這些品牌常見的木材骨架與布料，舉例說明，許多北歐經典家具品牌像是丹麥的 Wendelbo，在骨架上經常使用紐西蘭進口的松木或是北美進口的白橡木，布料則是聚酯纖維跟羊毛為主，這可以當作評估店家物品的度量衡。

沙發挑選如何開始？

挑選沙發的程序，首先要分為「外在環境」與「自我感受」。前者指空間尺寸、風格對應；後者要講究沙發的使用習慣，包括坐姿、躺靠方式、軟硬喜好等。

專售北歐與鄉村風格沙發的「Mr. Living 居家先生」提到，第一步要了解家裡主要風格、家庭成員人數，此外要確定沙發背牆的長度，才能找對沙發的尺寸。一般來說，沙發的高度要是腳可以放到地上最為舒適，地面跟椅面的高度42~48公分皆可、深度55~60公分，是較為符合大眾的尺寸，然而，這個標準不一定適合所有人，還是要以自己最自在的坐姿為主。

家庭人數較多、需要選不同尺寸來組合，這時整套沙發不一都定要同款，可以選不同樣式、花色的沙發相互搭配，尺寸配置除了3+1、3+2、3+1+2，也可以考慮L型或是用主人椅搭配。大型沙發做為空間主角，選百搭的大地色能夠與其他配角的關係更和諧，此外，組合的沙發強調混搭，款式不用一樣，也可以大膽跳色，例如三人座＋主人椅，大地色的沙發，選配顏色搶眼的主人椅，會讓空間更亮眼。

很多人喜歡美式鄉村的沙發，但總礙於空間太小，其實在空間條件有限的前提下，可以選擇元素簡單的輕美式風格，客廳其他的大型量體像是電視櫃或茶几也可以做取捨，就會省下許多空間。另外小空間除了可挑兩人座，也可選最小尺寸180公分的三人座，未來使用上會有更多彈性。

EXPERT'S DATA

Mr. Living 居家先生

Victor（楊大成）、Derrick（楊大侑）、UFan（林宇凡）__由左至右

背　景__「Mr. Living 居家先生」的負責人是三位年輕大男生，從家裡的沙發工廠作為創業起點，採一條龍的販售模式，從設計、生產到銷售，透過幫消費者與製造工廠做連結，讓每個人都能用市價3~6折的價錢買到自己喜愛的家具。

網　址__ www.mrliving.com.tw

電　話__ 0968-391298

挑沙發，從認識沙發開始

很多人在夠買沙發時，最在乎的不外乎是用料，因為一張沙發坐得久的關鍵在骨架跟內部填充物。但是，很難從美觀的成品評斷內部結構的好壞，不要說一般人，就連行家，沒有拆開沙發也不知道裡面好或不好。

不過還是有方法從外部判斷。

1 用料注意！骨架絕對要實木
實木的承重力與穩固度絕對勝過加壓黏合的木合板或是木屑板，木材選用的是硬木或軟木也是重點，例如紐西蘭松木被分類為「硬木松」，是很好的結構材，白橡木、胡桃木這類硬木因為色澤紋理漂亮，做家具的比例高於骨架，加上結構的穩定性主要來自製作強度，比如木頭釘得紮實、每塊木頭與木頭之間接合的牢固性，所以只要使用中等強度以上的木材即可，如紐西蘭松木以及橡膠木等。

2 車工注意！從細節看出產品好壞
內部結構除非拆開，否則很難剖析真假，但可以從外部的工法判斷，一張車工細緻的沙發，內部結構不會壞到哪去。像是沙發底部的縫線是平直還是歪七扭八、布料接口處的線腳是否均勻，車線有無對稱。也可從

布料的花樣來檢視車工的細緻度，例如條紋款式的沙發可以去看椅背到沙發底座的線條有沒有相對，或是有沒有讓花朵完整的出現在沙發的面上；有拉釦的沙發，可以從釦子去檢驗工藝，仔細比對釦子彼此有沒有對齊、拉進去的深度是否統一，還有繃布的弧度跟緊實度，這些都是機械無法取代的工法，也是師傅功力的展現。

3 試坐注意！要坐才知道泡棉好壞

另外購買沙發一定要試坐，而且要坐久一點。因為可以感受內部泡棉的軟硬度，以及觀察是整塊泡棉還是碎棉，拼湊的泡棉會有縫隙，整塊切割的泡棉坐感鬆軟且平均；另外，也可從泡棉的恢復速度判斷是一般泡棉或者高密度泡棉。

4 體驗注意！用家裡的坐姿找出人體工學

首先，「在家怎麼坐、試坐時就怎麼坐」，沙發要適合每個人的使用情境跟習慣，因此用最真實的方式試坐，才能找到一張貼合自己的命定沙發。排除喜歡坐很挺的可能性，一般來說，有弧度的椅背以及有斜度的扶手會讓沙發具有包覆感，坐起來更舒適；習慣大字形坐法的人，低背款式可以讓手更輕易伸展輕靠；深度較深的沙發適合愛盤腿的人；喜歡整個人窩在沙發裡的話，可以選擇椅墊厚實、靠墊飽滿且包覆性好的款式。

拉釦款式的沙發，釦子的工藝是檢驗品質的方式之一。（圖片提供 _ Mr. Living 居家先生）

美式、北歐沙發適用大多數空間

美式與北歐這兩種風格都有自己慣用的材質跟做法。沙發的材料上，就地取材是多數風格的用材依據，棉、亞麻等植物提取的材質，是地廣、作物多的美國鄉村容易取得的材料，也因此常見於美式、鄉村風格；而高緯度的北歐林木多，很多經典品牌的家具皆以木構為主。以舒適溫馨為主需求的美式鄉村風，自然發展成可以依附的高背型態；講求簡約精神的北歐風，低背、俐落的造型來詮釋風格的簡練時尚。

北歐風格的沙發造型簡練，不只線條簡單，布料用色也傾向素色展現純粹，因此能夠迎合各種的空間，鮮活的亮色調正能展現北歐的正向與樂趣，低彩度的色系也能在現代風或木質風裡出現，也因為其俐落硬挺的特色，大幅降低沙發的體積感，也深受許多小坪數的喜愛。

對應北歐的中性感，美式或鄉村風格較偏女性味，能夠輕鬆營造高雅、甜美、浪漫等特質，因此這兩種風格的沙發足以供應九成居家空間使用。

美式沙發的蓬鬆感會增加空間的舒適度。（圖片提供 _ Mr. Living 居家先生）

北歐與美式風格沙發比一比		北歐風格	美式鄉村風格
	布料	聚酯纖維、羊毛	亞麻、棉麻、聚酯混紡、提花
	沙發結構材	紐西蘭進口的松木	美國及中國東北進口的樺木
	椅腳	白橡木	樺木
	椅背高低	低背	高背
	坐墊軟硬度	硬挺、簡練	偏軟、蓬鬆

簡單看懂沙發製程

椅腳骨架——

椅腳的木框周圍，是沙發打底的重要開始。採用高檔木材的硬木確保骨架的穩固與耐用。

內裡骨架——

沙發的內裡骨架，採用進口的「紐西蘭松木」，是屬於油性、變形小、色澤好且韌性好的松木類別，品質穩定、穩固。

高彈力繃帶——

十字結構的高彈力繃帶，是確保沙發坐感舒適有彈性的重要關鍵之一。

泡綿——

繃上符合沙發舒適坐感的泡棉，泡棉的切割到填入皆使用機器作業，確保泡棉的均勻跟完整。

包裡布——

泡棉外部再使用Dacron（以聚酯纖維為主要成分的布料）來包裹泡棉，能讓表層能有更柔順的呈現以及舒適的坐感，同時能一定程度的避免布繃上去時的皺褶產生。

繃布——

最後的步驟，也就是將布繃上沙發的表面，沙發就大功告成囉！

（圖片提供＿Mr. Living居家先生）

空間的主角，中看也中用的選法

沙發是家庭最主要也是最大型的家具，影響整個居家的風格，不能只有好看，還要好坐、好維護，身為設計師，在選擇上有幾個要點是我會較在意的。

椅背——

好不好坐，椅背高度很重要，我通常會選擇可以靠到脖子的高度，脖子不懸空能提高舒適性。而北歐風格多數為低背沙發，可以用主人椅替代。另外我在挑選美式風格的蓬鬆沙發時，會特別留意靠墊有沒有羽絨成分，含有羽絨材質的靠墊較為鬆軟也好整理，輕輕拍一拍或換個方向就能恢復原來的澎鬆度，也較不會變形。

色系——

選擇沙發色系可以分為兩種情況，一是讓沙發成為空間主角，這種手法在北歐風格中很常見，運用突出顏色如深藍色、鮮黃色讓沙發跳出來變成空間亮點。二是溫和路線，講求整體的和諧，沙發顏色不需要特別突出，這時可以從牆壁顏色延伸，選擇同色系做深淺相對，但沙發要比牆壁顏色深，才會有立體感也不容易髒，常用的大地色有奶茶色、秋香色、灰色系，這些都屬於可以持久耐看的顏色，材質則是棉麻布居多，觸感舒服也適合台灣悶熱的氣候。

尺寸——

至於沙發尺寸怎麼挑？通常不建議選擇兩人座的沙發，會侷限未來用途也影響客廳的完整性，那麼小坪數怎麼辦呢？三人座沙發標準是210公分，小坪數可以選擇180或190公分的沙發，除了縮減長度，薄扶手的款式大幅降低了量體感，也適用於小住宅；一般國外家具的深度是95公分，台灣住家空間使用90公分已很足夠。

現成品的品牌、款式如雨後春筍，選擇性相當多元，若是非常
注重沙發舒適度，也無法滿足於現成品的樣式跟機能的客人，
可以選擇訂製，從硬度、材質、顏色到尺寸都可完全客製化。

素面沙發配上華美單椅，減化美式風的繁複感。

風格沙發無絕對款式

以往對於美式風格的沙發總有很多曲線、層次跟花樣的浪漫想像，其實素色面料或是精簡造
型的沙發，只要有擷取美式風格的特質例如棉麻質料、蓬鬆感或是裙擺效果，都適合放進美
式風格裡。

一輩子的家！這樣裝修最簡單
簡裝修大翻新！不必打掉重練，一次基礎裝修居家隨你改造

作者	朱俞君
文字協力	柯霈婕
美術設計	IF OFFICE
執行編輯	溫智儀
責任編輯	詹雅蘭

行銷企劃	郭其彬、王綬晨、邱紹溢、陳雅雯、張瓊瑜、徐一霞、汪佳穎、王涵
總編輯	葛雅茜
發行人	蘇拾平
出版	原點出版 Uni-Books
	Facebook：Uni-Books 原點出版
	E-mail：uni-books＠andbook.com.tw
	台北市 105 松山區復興北路 333 號 11 樓之 4

發行	大雁文化事業股份有限公司
	台北市松山區 105 復興北路 333 號 11 樓之 4
	www.andbooks.com.tw
	24 小時傳真服務：(02) 2718-1258
	讀者服務信箱 Email：andbooks@andbooks.com.tw
	劃撥帳號：19983379
	戶名：大雁文化事業股份有限公司

初版 1 刷	2017 年 09 月
初版 5 刷	2021 年 01 月
定價	399 元
ISBN	978-986-95233-1-8

一輩子的家！這樣裝修最簡單：簡裝修大翻新！不必打掉重練，一次基礎裝修居家隨你改造 / 朱俞君著 . -- 初版 . -- 臺北市：原點出版：大雁文化發行, 2017.09；208 面；17X23 公分
ISBN 978-986-95233-1-8(平裝)

1. 家庭佈置 2. 室內設計 3. 建築物維修

422.5　　106013541